AF451898

COURS COMPLÉT
D'ÉTUDES PRIMAIRES

SOUS LA DIRECTION
De LOUIS GOSSIN

Professeur d'agriculture du département de l'Oise, chevalier de la légion
d'honneur.

—

PREMIERS ÉLÉMENTS
D'ARITHMÉTIQUE

PAR LOUIS GOSSIN

PARIS

LIBRAIRIE CH. BLÉRIOT, ÉDITEUR

QUAI DES GRANDS-AUGUSTINS, 55

—

1870

SAINT-CLOUD. — IMPRIMERIE DE Mme Ve BELIN.

AVANT-PROPOS.

La faveur avec laquelle les premières éditions de notre Arithmétique élémentaire ont été accueillies, nous a déterminé à offrir aux écoles primaires une édition abrégée de ce livre, édition conçue sur le même plan, mais plus courte et particulièrement destinée à cette multitude d'enfants qui quittent l'école avant d'avoir pu aborder les questions de géométrie, de mécanique et de chimie qui font le sujet de plusieurs tableaux et d'un certain nombre de problèmes du premier ouvrage.

Ici, la numération décimale, le système métrique, les quatre règles, les fractions, sont seuls exposés, ainsi que leurs applications aux règles d'intérêt, d'escompte et de société. Il s'ensuit que le livre est très-simple, court et d'un prix très-bas. Cependant, aux nombreux problèmes agricoles présentés dans les chapitres correspondants du premier ouvrage, nous avons joint beaucoup de problèmes relatifs aux diverses circonstances de la vie, aux faits d'économie domestique, rurale et industrielle, et l'indication exacte des exercices que le maître doit exiger des élèves.

On remarquera d'autre part que, conformément aux usages les plus suivis aujourd'hui, les questions ne sont pas intercalées dans le texte, mais reportées à la fin de chaque chapitre.

PREMIERS ÉLÉMENTS D'ARITHMÉTIQUE.

CHAPITRE Ier.

Définitions.

1. — *L'arithmétique* est la science des *nombres*, c'est-à-dire la science qui apprend à *compter* et à *calculer*.

2. — La réunion de plusieurs objets de même nature forme ce qu'on appelle un *nombre* de ces objets; la réunion de plusieurs livres, de plusieurs arbres, etc., forme un *nombre* de livres, d'arbres, etc. C'est là l'idée la plus simple et la plus naturelle du *nombre entier*. L'objet dont la répétition donne le nombre entier est l'*unité*. Ex. Un livre, un arbre.

3. — L'opération fondamentale de l'arithmétique consiste à comparer les grandeurs ou quantités, c'est-à-dire tout ce qui peut être augmenté ou diminué, avec la grandeur ou quantité connue, que l'on appelle *unité*.

4. — Cette comparaison s'exprime au moyen des *nombres*.

Si, après avoir compté les pommes que j'ai dans mon panier, je dis : J'ai *cent pommes*, le mot *cent* est le *nombre* à l'aide duquel j'établis l'importance de la *quantité* de *cent* pommes, comparée avec *une* seule pomme, qui est l'*unité*.

5. — Dans les comptes et les calculs qui concernent une seule et même espèce d'objets, il n'est pas nécessaire que l'unité soit toujours exactement de même importance. Ainsi, pour compter ou calculer sur des œufs, on peut prendre comme unité *une dizaine* d'œufs, *une centaine* d'œufs, tout aussi bien qu'*un* œuf seul.

6. — On dit qu'un nombre est *concret*, lorsqu'on désigne l'espèce des unités. Ex. *Vingt moutons, trente francs,*

et qu'il est *abstrait*, lorsqu'on ne désigne pas l'espèce des unités. Ex. *Vingt, trente*.

7. — Les parties d'unité se nomment *fractions*. Ex. Si vous coupez une pomme en quatre parties, chacun de ces quartiers est une *fraction* de l'unité entière, *pomme*.

8. — Lorsqu'un nombre ne renferme pas de fractions, on l'appelle *nombre entier*. Ex. *deux, trois, quatre, cent, mille*, sont des *nombres entiers*.

9. — Un nombre composé d'unités et de fractions s'appelle nombre *fractionnaire*. Ex. *Deux et un quart, quatre et deux tiers, cinq quarts* sont des nombres *fractionnaires*.

Questionnaire. 1. Qu'est-ce que l'*arithmétique?* — 2. Qu'est-ce qu'un *nombre?* — 3. Quelle est l'opération fondamentale de l'arithmétique? — 4. Comment se fait la comparaison de l'unité avec des grandeurs ou des quantités connues? — 5. Faut-il que, pour un seul et même genre d'objets, l'unité soit toujours de même importance? — 6. Qu'est-ce qu'un nombre *concret?* Qu'est-ce qu'un nombre *abstrait?* — 7. Comment s'appellent les parties d'unité? — 8. Qu'est-ce qu'un *nombre entier?* — 9. Qu'est-ce qu'un *nombre fractionnaire?*

CHAPITRE II.

Numération.

10. — On entend par *numération* la partie de l'arithmétique qui a pour but de donner des noms aux nombres et de les écrire d'une manière plus abrégée qu'on ne pourrait le faire par les lettres de l'alphabet. Elle se divise en deux parties : numération *parlée*, numération *écrite*.

11. — On exprime les nombres par la parole au moyen des mots suivants :

Un, qui veut dire une seule unité	.	. .	1.		
Deux. . » .	une et une	»	. . .	1.1	
Trois. . » .	deux et une	»	. . .	11.1	
Quatre . » .	trois et une	»	. . .	111.1	
Cinq . . » .	quatre et une	»	. . .	1111.1	
Six . . » .	cinq et une	»	. . .	11111.1	
Sept . . » .	six et une	»	. . .	111111.1	
Huit . . » .	sept et une	»	. . .	1111111.1	
Neuf. . » .	huit et une	»	. . .	11111111.1	

Ces neuf premières unités se nomment *unités simples* ou *de premier ordre*.

12. — On exprime les nombres au-dessus de *neuf*, en formant des unités, dites de *second ordre*, dont chacune est égale à neuf unités simples, plus une. Ces unités de second ordre se nomment *dizaines*.

Une seule dizaine se nomme   *dix.*
Deux. . » . . . . . . *vingt.*
Trois. . » . . . . . . *trente.*
Quatre . » . . . . . *quarante.*
Cinq . . » . . . . . *cinquante.*
Six . . » . . . . . *soixante.*
Sept . . » . . . . . *soixante-dix* ou *septante.*
Huit . _ » . . . . . *quatre-vingts* ou *octante.*
Neuf. . » . . . . . *quatre-vingt-dix* ou *nonante.*

Pour former les nombres composés d'unités simples et
de dizaines, au mot qui exprime le nombre de dizaines, on
ajoute les mots *un, deux, trois,* etc., qui expriment les unités simples. Ex. : *Vingt et un* veut dire deux dizaines ou
deux unités de second ordre et une unité simple.

Par exception,

au lieu de *dix un*   on dit *onze*
    » *dix-deux* . . . . *douze*
    » *dix-trois* . . . . *treize*
    » *dix-quatre.* . . . . *quatorze*
    » *dix-cinq* . . . . *quinze*
    » *dix-six.* . . . . *seize*
au lieu de *soixante-dix un* . . . on dit *soixante-onze*
    » *soixante-dix deux* . . . . *soixante-douze*
    » *soixante-dix trois* . . . . *soixante-treize*
    » *soixante-dix quatre.* . . . *soixante-quatorze*
    » *soixante-dix cinq* . . . . *soixante-quinze*
    » *soixante-dix six* . . . . . *soixante-seize*
au lieu de *quatre-vingt-dix un.* . . . *quatre-vingt-onze*
    » *quatre-vingt-dix deux* . . . *quatre-vingt-douze*
    » *quatre-vingt-dix trois* . . . *quatre-vingt-treize*
    » *quatre-vingt-dix quatre* . . *quatre-vingt-quatorze*
    » *quatre-vingt-dix cinq* . . . *quatre-vingt-quinze*
    » *quatre-vingt-dix six* . . . *quatre-vingt-seize*

13. — Au-dessus de *quatre-vingt-dix-neuf,* on exprime
les nombres en formant des unités de troisième ordre ou
centaines, dont chacun vaut dix dizaines.

Une unité de troisième ordre ou centaine se nomme   *cent*
Deux. . . . . *deux cents*
Et ainsi de suite jusqu'à. . . . . *neuf cents*

Pour former les nombres intermédiaires entre *cent, deux
cents, trois cents,* etc.; aux mots *cent, deux cents, trois cents,*
on ajoute les dizaines ou unités de second ordre et les

unités simples, suivant les règles ci-dessus expliquées.
Ainsi, pour exprimer

trois unités de troisième ordre ou centaines	deux unités de second ordre ou dizaines	quatre unités de premier ordre ou simples

on dit :

Trois cent — vingt — quatre.

14. — Au-dessus de *neuf cent quatre-vingt-dix-neuf*, on compte en formant des unités de quatrième ordre appelées *mille*, dont chacune vaut neuf centaines ou unités de troisième ordre, plus une centaine.

Pour une de ces unités de quatrième ordre, on dit *mille;* et au-dessus de mille, *deux mille, trois mille, quatre mille*, etc., jusqu'à *neuf mille.*

Pour former les nombres intermédiaires entre mille, deux mille, trois mille, etc., aux mots *mille, deux mille, trois mille*, on ajoute, suivant les règles ci-dessus expliquées, les unités de troisième ordre ou centaines, celles de second ordre ou dizaines, enfin les unités simples. Ainsi, pour exprimer

Six unités de quatrième ordre ou mille	Cinq unités de troisième ordre ou centaines	Quatre unités de deuxième ordre ou dizaines	Six unités de premier ordre ou simples

on dit :

Six — MILLE — cinq cent — quarante — six.

15. — Au-dessus de *neuf mille neuf cent quatre-vingt-neuf*, on compte en formant des unités de cinquième ordre appelées *dizaines de mille*, dont chacune vaut neuf mille plus un mille.

Une de ces unités s'appelle :	*dix mille;*
Deux »	*vingt mille;*
Trois »	*trente mille;*
Quatre »	*quarante mille;*
Cinq »	*cinquante mille;*
Six »	*soixante mille;*
Sept »	*soixante-dix mille;*
Huit »	*quatre-vingt mille;*
Neuf »	*quatre-vingt-dix mille.*

Pour former les nombres intermédiaires entre deux de ces unités de cinquième ordre ou dizaines de mille, on met avant le mot *mille*, le nombre qui doit indiquer les unités de mille, s'il s'en trouve ; après avoir exprimé ainsi tous les mille, on ajoute, suivant les règles ci-dessus, les centaines, dizaines et unités simples. Ainsi, pour exprimer

Deux unités de cinquième ordre ou dizaines de mille	Trois unités de quatrième ordre ou mille		Quatre unités de troisième ordre ou centaines	Cinq unités de deuxième ordre ou dizaines	Trois unités de premier ordre ou simples

on dit :

Vingt — trois — MILLE—quatre cent — cinquante — trois.

Il faut remarquer que, pour la rapidité de l'énoncé, le mot *mille* ne se répète pas ; qu'ainsi, au lieu de dire *vingt mille et trois mille,* on dit *vingt-trois mille.*

D'un autre côté, au lieu de *dix et un mille,*

on dit . . . . *onze mille*
et au-dessus . . . . . . *douze mille*
    » . . . . *treize mille*
    » . . . . *quatorze mille*
    » . . . . *quinze mille*
    » . . . . *seize mille.*

Au lieu de *soixante-dix et un mille,*

on dit . . . . *soixante-onze mille*
et au-dessus . . . . . . *soixante-douze mille*
    » . . . . *soixante-treize mille*
    » . . . . *soixante-quatorze mille*
    » . . . . *soixante-quinze mille*
    » . . . . *soixante-seize mille.*

Au lieu de *quatre-vingt-dix et un mille,*

on dit . . . . *quatre-vingt-onze mille*
et au-dessus . . . . . . *quatre-vingt-douze mille*
    » . . . . *quatre-vingt-treize mille*
    » . . . . *quatre-vingt-quatorze mille*
    » . . . . *quatre-vingt-quinze mille*
    » . . . . *quatre-vingt-seize mille.*

16. — Au-dessus de *quatre-vingt-dix-neuf mille cent quatre-vingt-dix-neuf,* on compte en formant des unités de sixième ordre ou *centaines de mille,* dont chacune vaut neuf unités de cinquième ordre ou dizaines de mille, plus une.

Pour exprimer une de ces unités de sixième ordre,

on dit. . . . . *cent mille*
pour deux. . . . . *deux cent mille*
et ainsi de suite jusqu'à . . . *neuf cent mille.*

Pour former les nombres intermédiaires entre deux centaines de mille, on prononce avant le mot *mille* le **nombre** qui doit exprimer les dizaines de mille et les unités de quatrième ordre ou mille, s'il s'en trouve ; puis, on ajoute les centaines, les dizaines, enfin les unités simples, suivant les règles déjà posées. Ainsi, pour exprimer :

Cinq unités de sixième ordre ou centaines de mille	Quatre de cinquième ordre ou dizaines de mille	Deux de quatrième ordre ou mille	Trois de troisième ordre ou centaines	Une de deuxième ordre ou dizaine	Neuf de premier ordre ou simples

on dit :

Cinq cent – *quarante* — *deux* — MILLE — *trois cent* – *dix* — *neuf.*

17. — Au-dessus de *neuf cent dix-neuf mille neuf cent quatre-vingt-dix-neuf*, on forme des unités de septième ordre ou *millions*, dont chacune vaut neuf centaines de mille, plus une centaine de mille.

Pour exprimer une de ces unités de septième ordre,

on dit. . . . . *un million*
pour deux . . . . *deux millions*
et ainsi de suite jusqu'à. . . *neuf millions.*

Pour exprimer neuf de ces unités de septième ordre, ou millions, plus une, on crée des unités de huitième ordre ou *dizaines de millions ;* puis, au-dessus des dizaines de millions, on crée des unités de neuvième ordre ou *centaines de millions ;* et pour les nombres qui concernent ces trois ordres nouveaux, septième, huitième et neuvième, on suit exactement les règles posées pour les mille, dizaines de mille, centaines de mille.

Au-dessus des unités de neuvième ordre, on crée de même un dixième ordre d'unités, qu'on appelle *billions* ou *milliards*, puis un onzième ordre ou *dizaines de milliards*, puis un douzième ordre ou *centaines de milliards.*

Viennent ensuite un treizième ordre ou *trillions*, un quatorzième ordre ou *dizaines de trillions*; un quinzième ordre ou *centaines de trillions ;* mais il est rare qu'on compte jusque-là.

Deux unités l'edouzième ordre ou centaines de milliards.	trois de onzième ordre ou dizaines de milliards	une de dixième ordre ou milliard	six de neuvième ordre ou centaines de millions	cinq de huitième ordre ou dizaines de millions	quatre de septième ordre ou millions	une de sixième ordre ou centaines de mille	six de cinquième ordre ou dizaines de mille	deux de quatrième ordre ou mille	trois de troisième ordre ou centaines	sept de second ordre ou dizaines	huit de premier ordre ou simples

ON DIT :

deux cent trente et un Milliards *six cent cinquante-quatre* Millions *cent soixante-deux* Mille *trois cent soixante-dix-huit.*

On remarque que les différents ordres d'unités se groupent naturellement par classes, dont chacune comprend trois ordres et que l'unité de chaque ordre en vaut *dix* de l'ordre qui la précède immédiatement à droite; *cent* de l'ordre de la seconde colonne à droite; *mille* de la troisième colonne à droite, etc.

Quatrième classe	Troisième classe	Deuxième classe	Première classe
milliards ou billions.	*millions.*	*mille.*	*entiers ou unités simples.*
centaines | dizaines | unités	centaines | dizaines | unités	centaines | dizaines | unités	centaines | dizaines | unités.

La cinquième classe comprendrait les *trillions*, la sixième classe les *quatrillions*, et ainsi de suite.

Questionnaire. — 10. Qu'entend-on par *numération* et combien y a-t-il de numérations? — 11. Comment exprime-t-on les nombres par la parole? — 12. Comment exprime-t-on les nombres au-dessus de *neuf?* — 13. ... Au-dessus de *quatre-vingt-dix-neuf?* — 14. ... Au-dessus de *neuf cent quatre-vingt-dix-neuf?* — 15. ... Au-dessus de *neuf mille neuf cent quatre-vingt-dix-neuf?* — 16. ... Au-dessus de *quatre-vingt-dix-neuf mille neuf cent quatre-vingt-dix-neuf?* — 17. ... Au-dessus de *neuf cent quatre-vingt-dix-neuf mille neuf cent quatre-vingt-dix-neuf?* Comment peut-on grouper les nombres par classes? Quelle est la série des classes? Combien chaque classe comprend-elle d'ordres? Quels sont ces ordres? Combien l'unité de chaque ordre contient-elle d'unités de chacun des trois ordres inférieurs suivants?

Numération écrite.

18. — Pour écrire les nombres, on remplace les mots par des signes plus courts appelés *chiffres*. Ce sont :

un.	1	quatre	4	sept.	7
deux	2	cinq	5	huit.	8
trois	3	six	6	neuf	9

Chacun de ces chiffres, lorsqu'il est seul, indique un certain nombre d'unités simples.

Pour exprimer par écrit les nombres où il se trouve des unités de divers ordres, telles que dizaines, centaines, mille, dizaines de mille, etc., on écrit, pour chaque ordre d'unités, le chiffre qui en indique le nombre, et afin qu'on puisse reconnaître la valeur de ces différents chiffres, on les place au rang qui convient à chacun suivant la classification indiquée dans le dernier chapitre.

Ex. S'il faut écrire *dix-sept*, comme ce nombre comprend

Une dizaine ou unité de second ordre	sept unités de premier ordre

on écrit :

1 7

Pour écrire *trois cent vingt-deux*, comme ce nombre comprend :

trois unités de troisième ordre	deux de second ordre	deux de premier ordre

on écrit :

3 . . . . 2 2

Pour écrire *trois cent quarante et un millions six cent vingt-sept mille deux cent onze*, comme ce nombre comprend :

trois unités de 9e ordre	quatre de 8e ordre	une de 7e ordre	six de 6e ordre	deux de 5e ordre	sept de 4e ordre	deux de 3e ordre	une de 2e ordre	une de 1er ordre

on écrit

3 . . 4 . . 1 . . . 6 . . 2 . . 7 . . 2 . . 1 . 1

et en serrant les chiffres davantage : 341 627 211.

19.—Dans les nombres d'une certaine longueur, on divise les chiffres par tranches de trois, afin d'en faciliter la lecture par une distinction bien marquée entre les diverses classes d'unités : *unités simples, mille, millions, milliards, trillions, quatrillions.*

542 827 241 981 est plus facile à lire que 542827241981.

20. — Si un nombre se compose d'unités de divers ordres, sans qu'il y en ait de tous les ordres à partir de l'ordre le plus élevé, on donne à chaque chiffre de ce nombre la place et la valeur qu'il doit avoir, en écrivant **un 0** ou *zéro* partout où il manque tel ou tel ordre d'unités.

Ainsi, pour exprimer par écrit *dix*, on écrit :

$$1 \quad . \quad . \quad . \quad . \quad . \quad . \quad . \quad 0$$

unité de second ordre		unité de premier ordre

Pour exprimer *cent deux*, on écrit :

$$1 \quad . \quad . \quad . \quad . \quad 0 \quad . \quad . \quad . \quad 2$$

unité de troisième ordre	unité de second ordre	unités de premier ordre

De même *trois millions* s'écrit . . .　　　3 000 000

　　　cinq cent millions deux . .　　500 000 002

　　　quarante milliards six mille.　40 000 006 000

et ainsi de suite.

En résumé, pour écrire en chiffres un nombre énoncé, on procède de la manière suivante, en allant de gauche à droite : on écrit, à partir de la classe la plus élevée, les chiffres qui expriment les centaines, les dizaines et les unités de chaque classe, et on remplace par des zéros les ordres qui manquent.

Réciproquement, pour énoncer un nombre écrit en chiffres,

1° S'il n'a pas plus de trois chiffres, on énonce successivement les centaines, les dizaines et les unités.

2° S'il a plus de trois chiffres, on le partage, en allant de droite à gauche, en tranches de trois chiffres, sauf à n'en laisser qu'un ou deux dans la dernière tranche à gauche ; puis, revenant de gauche à droite, on énonce chaque tranche comme si elle était seule, en prononçant le nom de la classe.

Questionnaire. — 18. Comment écrit-on les nombres? — 19. Pourquoi, dans les nombres composés de plusieurs chiffres, forme-t-on des tranches de trois chiffres chacun? — 20. Comment, dans un nombre où il n'y a pas d'unités de tous les ordres, donne-t-on à chaque chiffre la valeur qu'il doit avoir?

Pour enseigner la numération, on peut se servir avantageusement d'un petit appareil fort ingénieux appelé *boulier compteur*. Si on ne l'a pas à sa disposition, on le remplacera par le tableau suivant qui en représente la forme :

4e CLASSE. BILLIONS OU MILLIARDS.			3e CLASSE. MILLIONS.			2e CLASSE. MILLE.			1re CLASSE. ENTIERS OU UNITÉS SIMPLES.		
12e Ordre.	11e Ordre.	10e Ordre.	9e Ordre.	8e Ordre.	7e Ordre.	6e Ordre.	5e Ordre.	4e Ordre.	3e Ordre.	2e Ordre.	1er Ordre.
Centaines de billions.	Dizaines de billions.	Unités de billion.	Centaines de millions.	Dizaines de millions.	Unités de million.	Centaines de mille.	Dizaines de mille.	Unités de mille.	Centaines.	Dizaines.	Unités simples.

PREMIÈRE SÉRIE D'EXERCICES.

Le maître fera lire au tableau et écrire à la dictée:
1º Tous les nombres de 1 à 100.
2º Beaucoup de nombres de 100 à 1 000.
3º Des nombres supérieurs à 1 000.

Le maître fera lire les exercices suivants :

Dates remarquables.

AVANT J.-C.	ÈRE CHRÉTIENNE.
30. César.	1. Naissance de Jésus-Christ.
336. Alexandre le Grand.	33. Mort de J.-C.
444. Périclès.	54. Première persécution des chrétiens.
454. Reconstruction des murs de Jérusalem.	70. Destruction de Jérusalem.
555. Cyrus, roi de Perse.	324. Triomphe du christianisme.
606. Daniel.	481. Clovis fonde la monarchie française.
753. Fondation de Rome.	622. Ère de l'hégire de Mahomet.
870. Lycurgue, législateur.	732. Défaite des Sarrasins par Charles Martel.
900. Homère.	
1055. Salomon.	

AVANT J.-C.	ÈRE CHRÉTIENNE.
1085. David.	800. Charlemagne empereur.
1490. Moïse.	1226. St Louis.
1920. Abraham.	1436. Invention de l'imprimerie.
2204. Fondation de Babylone.	1492. Découverte de l'Amérique.
2384. Déluge universel.	1643. Louis XIV.
4963. Origine du genre humain.	1789. Révolution française.
	1804. Napoléon empereur.

Le maître ajoutera quelques courtes explications.

Astres.

384 960 kilomètres. Distance de la lune à la terre.
1 384 472. Le soleil est ce nombre de fois plus gros que la terre.
153 729 576 kilom. Distance du soleil à la terre.
31 513 991 730 000 kilom. Distance de l'étoile la plus voisine de la terre.

DEUXIÈME SÉRIE D'EXERCICES.

Le maître fera lire et écrire à la dictée les chiffres suivants extraits de la statistique agricole de la France.

A l'occasion de ces exercices, le maître expliquera les mots : *statistique, population, cultivateurs propriétaires, fermiers, métayers, budget, recettes, dépenses, importation, exportation, produits alimentaires, matières premières de l'industrie.*

Division de la France.

89 départements.
373 arrondissements.
2 958 cantons.
37 510 communes.

POPULATION DE LA FRANCE.

Années.	Habitants.	Années.	Habitants.
1700	19 669 320	1841	34 217 719
1762	21 769 163	1851	35 783 170
1801	27 349 003	1861	37 582 225
1821	30 461 875	1866	38 067 094
1831	32 569 223		

Chaque année la population de la France s'est accrue en moyenne :

		Habitants.			Habitants.
1801 à 1806 de		331 684	1841 à 1846 —		251 062
1806 à 1821 —		93 257	1846 à 1851 —		75 657
1821 à 1831 —		210 753	1851 à 1856 —		71 259
1831 à 1836 —		194 737	1856 à 1861 —		115 778
1836 à 1841 —		137 834	1861 à 1866 —		135 101

Division de la population française.

		Habitants.
Par sexes en 1866.	Hommes	19 014 109
— —	Femmes	19 052 985
Par cultes en 1861.	Catholiques	36 490 891
— —	Protestants	802 550
— —	Israélites	79 964
— —	Autres cultes	1 295
— —	Sans culte constaté	11 824

En 1861.

Habitants de la campagne	25 000 000
Propriétaires non cultivateurs	2 077 229
Propriétaires cultivateurs	2 282 497
Fermiers	695 865
Métayers	552 516

	Habitants.		Habitants.
Paris	1 696 141	Nantes	101 019
Lyon	255 967	Rouen	94 045
Marseille	215 196	Toulouse	92 225
Bordeaux	110 611	Lille	71 286

POPULATION DE PARIS.

	Habitants.		Habitants.
En 1500	120 000	En 1798	640 000
En 1571	150 030	En 1817	715 966
Sous Henri II	210 000	En 1827	890 431
En 1590	200 000	En 1836	909 126
Sous Louis XIV	492 600	En 1846	1 053 897
En 1719	509 640	En 1856	1 174 346
En 1776	658 000	En 1861	1 696 141
En 1784	660 000	En 1866	1 825 274

POPULATION DE LONDRES.

	Habitants.		Habitants
En 1801	958 563	En 1841	1 948 417
En 1811	1 158 825	En 1851	2 362 236
En 1821	1 378 947	En 1861	2 803 989
En 1831	1 654 994		

Étendue de Londres en 1861	40 000	hectares.
Étendue actuelle de Paris	7 802	—

Habitants par kilomètre carré (1).

Départements très-bien cultivés.		Départements arriérés.	
Rhône	224	Indre	59
Nord	217	Landes	35
Haut-Rhin	125	Lozère	27
Bas-Rhin	121	Hautes-Alpes	25
Pas-de-Calais	108	Basses-Alpes	21

En 1852.

Sur 100 fermes, on en comptait d'une étendue

de moins de 5 hectares (2)	47	de 20 à 50 hectares		11	
de 5 à 10 —	21	de 50 à 100 —		4	
de 10 à 20 —	15	Au-dessus de 100 —		2	

Instruments aratoires

Charrues sans roues	1 410 881
— à avant-train	1 666 852
Chariots à 4 roues	560 957
Charrettes à 2 roues	2 055 078
Machines à battre	60 000

(1) Le *kilomètre carré* est un carré qui a mille mètres de large et autant de long; le mètre est de la longueur d'un très-grand pas.

(2) L'hectare est un carré qui a 100 mètres de long et autant de large.

Animaux.

Chevaux et juments......	2 866 054	Bêtes à laine.............	55 281 592
Anes et ânesses..........	580 180	Boucs et chèvres.........	1 557 949
Mules et mulets..........	515 851	Porcs...................	5 216 405
Bêtes à cornes..........	10 195 757	Chiens.................	2 244 827

Animaux avant 1852.

Années.	Bêtes à cornes.		Bêtes à laine
1812.................	6 681 952	....	....
1829.................	9 150 652	....	29 150 255
1839.................	9 956 558	....	52 281 582

Division du territoire en 1852.

Terres labourables..................	26 204 225	hectares.
Vignes...........................	2 191 162	—
Prairies..........................	5 507 252	—
Pâturages et pâtis................	6 579 985	—
Cultures arbustives................	999 078	—
Forêts, routes, etc................	11 996 496	—

Totalité de l'espace soumis à l'impôt 55 028 076 hectares.

Division des terres labourables.

Céréales........................	15 564 567	hectares.
Légumes verts....................	1 146 515	—
Prairies artificielles...............	2 565 430	—
Cultures diverses.................	925 058	—
Jachères.........................	5 705 017	—

Cultures de froment et de vigne.

Années.	Hectares de froment.		Années.	Hectares de vignes.	
1815...........	4 591 677	hectares.	1808..........	1 615 959	hectares.
1835...........	5 558 045	—	1829..........	1 995 507	—
1858...........	6 659 688	—	1852..........	2 191 162	—
1865...........	6 900 000	—			

Valeur totale des produits agricoles.

Années.		
1700............................	1 500 000 000	francs.
1788............................	2 054 555 000	»
1840............................	7 545 256 298	»
1856............................	8 555 868 654	»

Recettes et dépenses de la France d'après le budget de 1868.

Recettes........................	2 029 788 244	francs.
Dépenses.......................	2 029 750 115	»

Production et commerce des blés de la France.

Nombre d'hectolitres récoltés (moyenne annuelle).

De 1821 à 1830..........	58 000 000	De 1856 à 1865..........	98 000 000

1° *Importation.*

Nombre d'hectolitres achetés à l'étranger, c'est-à-dire importés
(moyenne annuelle).

De 1821 à 1826.......... 276 000 | De 1810 à 1852............ 1 810 000
De 1827 à 1859.......... 1 072 000 | De 1853 à 1865............ 5 087 000

2° *Exportation.*

Nombre d'hectolitres vendus à l'étranger, c'est-à-dire exportés
(moyenne annuelle).

De 1821 à 1826.......... 297 000 | De 1810 à 1852.......... 1 589 000
De 1827 à 1859.......... 554 000 | De 1853 à 1865.......... 5 272 000

En 1868.

Longueur de rivières navigables en France............	9 625	kilomètres.
» de canaux »	5 077	»
» de routes impériales....................	57 930	»
» » départementales.	48 180	»
» de chemins vicinaux de grande communicat..	74 771	»
» » d'intérêt commun......	54 065	»
» » ordinaires à l'état d'entretien	112 656	»
» de chemins de fer.....................	16 260	»
» de lignes télégraphiques	57 151	»
Objets de toute nature transportés par les postes...	811 141 439	
Voyageurs transportés par les chemins de fer.....	101 610 000	

COMMERCE GÉNÉRAL DE LA FRANCE.

1° IMPORTATION

VALEUR DES OBJETS ACHETÉS A L'ÉTRANGER.

	En 18 6.	En 1865.
	fr.	fr.
Produits alimentaires et matières premières de l'industrie (1).............	2 595 000 000	2 554 000 000
Objets fabriqués.................	254 000 000	193 000 000
Divers	111 000 000	95 000 000
Totaux.................	2 960 000 000	2 642 000 000

2° EXPORTATION.

VALEUR DES OBJETS VENDUS A L'ÉTRANGER.

Produits alimentaires et matières premières de l'industrie...............	1 554 000 000	1 201 000 000
Objets fabriqués.................	1 959 000 000	1 792 000 000
Divers.................	98 000 000	95 000 000
Totaux.................	5 591 000 000	5 088 000 000

(1) On appelle *matières premières*, les substances brutes avant qu'aucun travail industriel ne leur ait été appliqué. Ex. laine des toisons, minerais, etc.

COMMERCE DE LA FRANCE POUR QUELQUES OBJETS PRINCIPAUX.

1o IMPORTATION.

VALEUR D'OBJETS ACHETÉS A L'ÉTRANGER.

	En 1866.	En 1865.
	fr.	fr.
Laines brutes.....	289 000 000	245 000 000
Coton.....	475 000 000	509 000 000
Soie.....	514 000 000	535 000 000
Peaux brutes.....	115 000 000	100 000 000
Bois à construire.....	125 000 000	116 000 000
Houille.....	155 000 000	117 000 000

2o EXPORTATION.

VALEUR D'OBJETS VENDUS A L'ÉTRANGER.

	En 1866.	En 1865.
Vins.....	508 000 000	260 000 000
Eaux-de-vie.....	94 000 000	50 000 000
Œufs et beurre.....	115 000 000	96 000 000
Tissus de laine.....	555 000 000	505 000 000
Tissus de soie.....	471 000 000	427 000 000
Tissus de coton.....	97 000 000	95 000 000
Tabletterie et mercerie.....	201 000 000	185 000 000
Ouvrages en peau et peaux préparées.....	185 000 000	148 000 000

Numération des fractions.

21. — On exprime une *fraction* ou partie de l'unité par deux nombres, dont l'un, appelé *dénominateur*, indique en combien de parties l'unité a été divisée, et dont l'autre, appelé *numérateur*, indique combien il se trouve de portions d'unités dans la quantité dont on détermine la valeur.

On prononce d'abord le premier nombre; puis le second, auquel on ajoute la terminaison *ième*. Ex. Supposons une pomme divisée en cinq parties; pour exprimer trois de ces parties, on dira : *trois cinquièmes*. Dans ce nombre, TROIS est *numérateur*, CINQUIÈME est *dénominateur*.

Par exception, au lieu de *deuxième*   on dit   *demie.*
       »   de *troisième*   »   *tiers.*
       »   de *quatrième*   »   *quart.*

22. — Pour exprimer les fractions par des chiffres, on écrit d'abord le numérateur ; puis, on place le dénominateur en dessous et on sépare ces deux chiffres par un trait horizontal ou oblique.

    trois.....   3   *numérateur.*
    cinquièmes.....   5   *dénominateur.*

$$\left\{\begin{array}{l}\text{une} \dots\dots\dots\dots\dots\dots \\ \text{demie} \dots\dots\dots\dots\dots\end{array}\right\} \frac{1}{2} \qquad \left\{\begin{array}{l}\text{deux} \dots\dots\dots\dots\dots \\ \text{tiers} \dots\dots\dots\dots\dots\end{array}\right\} \frac{2}{3}$$

$$\left\{\begin{array}{l}\text{quarante-six} \dots\dots\dots \\ \text{vingt-huitièmes} \dots\dots\end{array}\right\} \frac{46}{28} \qquad \left\{\begin{array}{l}\text{trois cent mille} \dots\dots \\ \text{cinq cent millièmes} \dots\end{array}\right\} \frac{300\,000}{500\,000}$$

Exercices. — Le maître écrira sur le tableau toutes les fractions dont le numérateur et le dénominateur sont composés chacun d'un seul chiffre, et il les fera lire à ses élèves. Puis, il leur fera écrire à la dictée des fractions de même genre. Il leur en donnera ensuite à lire et à écrire quelques-unes plus compliquées.

Questionnaire. — 21. — Comment exprime-t-on une fraction ou partie de l'unité ? — 22. Comment écrit-on les fractions ?

Numération des fractions décimales.

23. — Supposez l'unité divisée en *dix* parties ou *dixièmes* ; ces dixièmes divisés eux-mêmes en *dix* parties, ce qui produit des *centièmes* d'unité ; les centièmes divisés à leur tour en *dix* parties, ce qui produit des *millièmes* ; les millièmes divisés également en *dix*, ce qui donne des *dix millièmes* ; les dix millièmes partagés en *dix*, ce qui produit des *cent millièmes*, et ainsi de suite : voilà ce qu'on entend par *fractions décimales*. Les fractions décimales sont donc des portions de l'unité divisées en parties de dix en dix fois plus petites.

24. — Ces fractions ont pour propriété particulière, qu'on peut les écrire, comme les nombres entiers, en les séparant de l'unité simple par une virgule. Les chiffres du numérateur sont seuls écrits ; quant au dénominateur, il est indiqué par le rang auquel se trouve chaque chiffre du numérateur. — Pour deux unités et deux *dixièmes*, au lieu d'écrire 2 unités $\frac{2}{10}$, on met simplement 2,2. — Pour deux unités quatre *centièmes*, au lieu de $2\frac{4}{100}$, on écrit 2,04. — Pour une unité trois *millièmes*, au lieu de $1\frac{3}{1000}$ on écrit 1,003. — Pour cinq unités cinq *dix millièmes*, on écrit 5,0005.

Enfin, s'il ne se trouve pas d'entier dans le nombre à

écrire, *quatre centièmes* par exemple, on écrit un zéro au rang des unités simples ; à droite de ce zéro, une virgule ; puis à droite de la virgule, le numérateur de la fraction au rang qui lui appartient. Ainsi, $\frac{4}{100}$ s'écrit 0,04.

25. — Pour exprimer un nombre qui renferme deux ou plusieurs fractions décimales de différents ordres, on ramène ordinairement ces diverses fractions à l'ordre le plus petit. Ainsi,

0,24	s'exprime vingt-quatre *centièmes.*
0,0401	— quatre cent un *dix millièmes.*
1,000403	— une unité quatre cent trois *millionièmes.*
2,67051	— deux unités, soixante-sept mille cinquante et un *cent millièmes.*

On peut même réunir les unités et les fractions, et traduire, par exemple :

2,4   vingt-quatre *dixièmes.*
5,49   cinq cent quarante-neuf *centièmes.*
9,512   neuf mille cinq cent douze *millièmes.*

Exercices. — Le maître écrira sur le tableau, puis il fera lire 1º des nombres présentant chacun une fraction décimale composée d'un seul chiffre ; 2º des nombres présentant chacun des fractions décimales de 2, 3 et 4 chiffres.

Le maître fera écrire sous sa dictée, en deux séries analogues, des nombres avec fractions décimales. Il prolongera ces exercices jusqu'à ce que les élèves lisent et écrivent sans faute les nombres décimaux.

26. — Lorsqu'on déplace la virgule dans un nombre, ce déplacement change la valeur de tous les chiffres du nombre, et rend ces chiffres dix fois, cent fois, mille fois, dix mille fois, etc., plus petits ou plus grands, suivant que la virgule a été déplacée de droite à gauche ou de gauche à droite et suivant le nombre de rangs dont elle a été déplacée.

Ainsi, le déplacement de la virgule d'un rang à droite rend le nombre *dix fois plus grand ;*

De deux rangs à droite   *cent fois plus grand.*
De trois rangs à droite   *mille fois plus grand.*

De quatre rangs à droite   *dix mille fois plus grand.*
  et ainsi de suite.
D'un rang à gauche   *dix fois plus petit.*
De deux rangs à gauche   *cent fois plus petit.*
De trois rangs à gauche   *mille fois plus petit.*
De quatre rangs à gauche   *dix mille fois plus petit.*
  et ainsi de suite.

Ex. Soit donné le nombre 40,0; si, déplaçant la virgule d'un rang à gauche, nous écrivons 4.00; les quatre unités, qui dans le premier nombre 40,0 étaient de deuxième ordre, c'est-à-dire des dizaines, ne sont plus dans le nombre 4,00 que des unités simples; le nombre est donc devenu dix fois plus petit.

Si, par un second déplacement de la virgule, nous écrivons 00,4; les quatre unités deviennent des dixièmes d'unité; le nombre devient donc dix fois plus petit que 4,00; et comme il faut 10 fois 10 dixièmes ou 100 dixièmes pour faire une centaine, le nombre devient cent fois plus petit que le nombre primitif 40,0 ou 4 dizaines.

Écrit 0,04, il devient dix fois plus petit que 00,4; cent fois plus petit que 4,00; mille fois plus petit que 40,0.

Écrit 0,004, il devient dix mille fois plus petit que 40,0; et ainsi de suite.

Si, au lieu de déplacer la virgule de gauche à droite, on la déplace de droite à gauche; si, par exemple, on écrit 400,0 au lieu de 40,00, le chiffre 4, au lieu d'exprimer des unités de second ordre ou des dizaines, exprime alors des unités de troisième ordre ou centaines. Il devient donc dix fois plus grand.

Par suite de nouveaux déplacements de la virgule, ce même nombre 40,0 devient

cent fois plus grand, ...   4000,000
mille fois plus grand, ...   40000,00
dix mille fois plus grand, . . .   400000,0
  et ainsi de suite.

Remarquez que, pour effectuer ces divers déplacements de virgule, il est souvent nécessaire d'ajouter des zéros à la droite ou à la gauche du nombre dont on transforme la valeur.

Remarquez en second lieu que, à chaque opération semblable, on déplace la virgule d'autant de rangs qu'il se trouve de 0 dans les nombres 10, 100, 1 000, etc., qui expriment combien de fois on veut rendre la quantité plus petite ou plus grande.

27. — Lorsque, sans déplacer la virgule, on ajoute des 0 à droite ou à gauche d'un nombre décimal, le nombre ne change pas de valeur.

$$\left.\begin{array}{l} 40,0 \\ 40,00 \\ 40,000 \\ 0040,0 \end{array}\right\} \text{ expriment exactement la même quantité.}$$

Aussi, est-il d'usage de supprimer dans les nombres tous les 0 inutiles. On supprime même la virgule lorsque le nombre ne contient pas de fractions. Quatre dizaines s'écrit donc 40 et non pas 40,0 ni 040,0 ni 40,00.

Exercices. — Après avoir écrit plusieurs nombres au tableau :

1° Le maître déplacera la virgule à droite ou à gauche, et il fera lire les nombres après chaque déplacement.

Dans une première série d'exercices, il ne déplacera la virgule que d'un seul rang. Dans une seconde série, il la déplacera de deux rangs; puis de trois, puis de quatre, et ainsi de suite.

2° Le maître fera écrire par l'élève plusieurs nombres sur le tableau, et il lui dira de rendre ces nombres dix fois plus grands ou plus petits ; — dans une seconde série d'exercices, cent fois plus grands ou plus petits, et ainsi de suite, jusqu'à ce que l'élève ne se trompe plus.

3° Le maître adressera à l'élève les questions suivantes et autres analogues :

A quel rang à droite ou à gauche de la virgule se trouvent les dizaines de mille ?

Quel ordre d'unités représentent les centaines de mille ?

Si le chiffre 2 occupe le cinquième rang à gauche de la virgule, que veut dire ce chiffre ?

Si le chiffre 4 occupe le troisième rang à droite de la virgule, que veut dire ce chiffre ?

Combien y a-t-il de dizaines dans un mille ?

De centaines dans trois mille ?

De dixièmes dans cinq dizaines ?

De centièmes dans huit mille ?

De millièmes dans sept mille ?

PROBLÈMES. — 1. On a donné, pour 10 familles pauvres, un secours de 559 fr., 75 c.; que revient-il à chaque famille ?

2. 100 bouteilles de vin ont coûté 56 fr., 55 ; quel est le prix de la bouteille ?

3. 1000 ouvriers employés dans une manufacture gagnent chacun 2 fr., 50 par jour; combien gagnent-ils ensemble ?

Questionnaire. — 23. Qu'est-ce qu'une fraction décimale ? — 24. Quelle est la propriété particulière des fractions décimales ? — 25. Comment exprime-t-on ordinairement un nombre où se trouvent deux ou plusieurs fractions décimales de différents ordres ? — 26. Que produit sur un nombre le déplacement de la virgule à gauche ? à droite ? — 27. Quel changement éprouve un nombre, si, sans déplacer la virgule, on écrit un ou plusieurs zéros à gauche ? à droite ? Pourquoi un nombre entier, écrit suivant l'usage, c'est-à-dire sans virgule, change-t-il de valeur par l'addition de zéros à sa droite ?

Numération écrite en chiffres romains.

28. — Les Romains représentaient les nombres par les sept lettres suivantes :

I ou j	V ou v	X ou x	L ou l	C ou c	D ou d	M ou m
1	5	10	50	100	500	1000

Ces lettres surmontées d'un trait signifient ces mêmes nombres 1 000 fois plus grands.

$\overline{\text{I}}$	$\overline{\text{V}}$	$\overline{\text{X}}$	$\overline{\text{L}}$	$\overline{\text{C}}$	$\overline{\text{D}}$	$\overline{\text{M}}$
1 000	5 000	10 000	50 000	100 000	500 000	1 000 000

Surmontées de deux traits, elles signifient les mêmes nombres mille fois plus grands que lorsqu'elles sont surmontées d'un seul trait, et ainsi de suite pour chaque trait ajouté.

Les mille premiers nombres étant connus, on peut ainsi former tous les nombres de 1 000 en 1 000 fois plus grands.

29. — La formation des mille premiers nombres repose sur trois principes, savoir :

1° Un chiffre romain placé à droite d'un autre chiffre égal ou plus grand s'y ajoute.

Ex.	VI........ veut dire	6
	XV...... »	15
	CC....... »	200
	III....... »	3

2° Un chiffre placé à gauche d'un autre plus grand s'en retranche.

Ex.	IV veut dire.....	4		XD veut dire....	490
	IX »	9		LD »	450
	XL »	40		LM »	950
	XC »	90		IM »	999

3° Un chiffre placé entre deux chiffres qui lui sont supérieurs se retranche du chiffre qui le suit.

Ex. :	XIX signifie.....	19		XXIX signifie.....	29
	XIV »	14		XXXIV »	34

30. — On se sert des chiffres romains pour les dates ; EX. an IV ; — la désignation des rois, EX. Louis XVIII, Napoléon III ; — le numéro des chapitres d'un livre, etc.

Exercices. — Le maître écrira sur le tableau et il fera lire les nombres en chiffres romains qui se présentent le plus souvent dans les ouvrages. Il fera écrire à la dictée ces mêmes nombres, jusqu'à ce que l'élève ne se trompe plus.

Questionnaire. — 28. Expliquez le système de la numération pour les nombres écrits en chiffres romains. — 29. Comment forme-t-on les mille premiers nombres ? — 30. Quand se sert-on des chiffres romains ?

CHAPITRE III.

Système légal des mesures métriques.

31. — On appelle *mesures* certaines unités connues et adoptées comme terme de comparaison entre toutes les grandeurs ou quantités de même nature,

32. — On entend par *mesures métriques* un ensemble de mesures qui dérivent du *mètre* et dont les divisions sont toutes en rapport avec le système de numération décimale.

33. — Un peu plus grand que le pas ordinaire de l'homme, le *mètre* est une *mesure de longueur* égale à la *quarante-millionième* partie d'une ligne, appelée *méridien*, qui fait le tour entier du globe terrestre en passant par les pôles.

En forçant le pas ordinaire, il faut s'exercer à obtenir par la marche cette mesure du mètre aussi exacte que possible.

Le maître fera comparer par l'élève les diverses parties du corps, la main, le pied, le bras, la jambe, le corps entier avec le mètre et ses subdivisions.

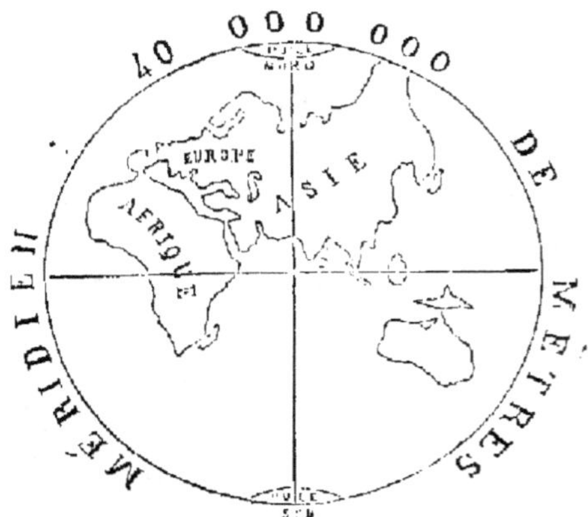

34. — Le système métrique comprend des mesures *de longueur, de superficie, de volume, de capacité, de poids, de monnaie.*

35. — Les *mesures de longueur* sont celles dont on se sert pour mesurer un corps, lorsqu'on n'examine qu'une dimension, par exemple : la hauteur d'un arbre, la taille d'un animal, l'étendue d'un chemin.

Les mesures *de superficie* ou de *surface* sont celles qui servent à mesurer la surface des corps. La surface des corps ne présente que deux dimensions, *longueur* et *largeur* sans épaisseur. Ex. Le dessus d'une table, les six faces d'un dé à jouer, etc. Lorsque ces mesures s'appliquent aux propriétés rurales, champs, vignes, etc., on les appelle *mesures agraires.*

Les mesures *de volume* ou *de solidité* sont celles dont on se sert pour mesurer les corps considérés dans la portion de l'étendue ou de l'espace qu'ils occupent sous les trois dimensions, *épaisseur, longueur* et *largeur.* Ex. Le volume d'un monceau de fumier, d'un tas de pierres, etc.

Les mesures *de capacité* ou *de contenance* sont celles qui servent à mesurer les liquides, les grains, les engrais pulvérulents et autres matières friables habituellement contenues dans des vases. Ces mesures, on le voit, sont une variété des mesures de volume.

Les mesures *de poids* sont celles dont on se sert pour peser.

Les mesures *de monnaie* sont celles qui servent à évaluer le prix des choses.

36. — On distingue dans le système métrique :

Le *mètre*, mesure de longueur.

L'*are*, mesure de superficie ou de surface.

Le *stère*, mesure de volume ou de solidité.

Le *litre*, mesure de capacité.

Le *gramme*, mesure de poids.

Le *franc*, mesure de monnaie.

Ces mesures ont leurs *multiples* et leurs *sous-multiples.*

37. — On dit qu'une quantité est *multiple* d'une autre, lorsqu'elle contient cette autre quantité un certain nombre de fois exactement : Ex. 6 est *multiple* de 2, parce que 6 contient trois fois exactement le nombre 2 ; 100 est *multiple* de 10, parce que 100 contient dix fois exactement le nombre 10.

On dit qu'une quantité est *sous-multiple* d'une autre, lorsque cette autre quantité la contient exactement un certain nombre de fois : Ex. 2 est *sous-multiple* de 6, parce que 2 est contenu exactement trois fois dans 6 ; 10 est *sous-multiple* de 100, parce que 10 est exactement contenu 10 fois dans 100.

38. — Les *multiples* et *sous-multiples* du mètre et des autres unités de mesure du système métrique sont spécifiés par certains termes qui se placent au commencement de chaque nom de mesure, savoir :

MULTIPLES.

Déca, qui veut dire *dix* : — Ex. *Décamètre*, dix mètres ; *décalitre*, dix litres, et ainsi de suite.

Hecto, qui veut dire *cent* : — Ex. *Hectogramme*, cent grammes ; *hectolitre*, cent litres, etc.

Kilo, qui veut dire *mille* : — Ex. *Kilomètre*, mille mètres ; *kilogramme*, mille grammes, etc.

Myria, qui veut dire *dix mille* : — Ex. *Myriamètre*, dix mille mètres, etc.

SOUS-MULTIPLES.

Déci, qui veut dire *dixième partie* : — Ex. *Décilitre*, dixième partie du litre ; *décistère*, dixième partie du stère, etc.

Centi, qui veut dire *centième partie* : — Ex. *Centiare*, centième partie de l'are ; *centigramme*, centième partie du gramme, etc.

Milli, qui veut dire *millième partie* : — Ex. *Milligramme*, millième partie du gramme ; *millimètre*, millième partie du mètre, etc.

39. — L'*are* n'a d'autre multiple que l'*hectare*, 100 ares ; et il n'a d'autre sous-multiple que le *centiare*, centième partie de l'are. Le *stère* n'a d'autre multiple que le *décastère*, dix stères ; et il n'a d'autre sous-multiple que le *décistère*, dixième partie du stère. Le *franc* n'a que deux sous-multiples, savoir : le *décime*, dixième de franc, et le *centime*, centième de franc. Les autres mesures du système métrique ont tous les multiples et sous-multiples que spécifient les termes *déca.*, *hecto.*, *kilo.*, *myria.*, *déci.*, *centi.*, *milli.*

40. — Les diverses *mesures* du système métrique dérivent du mètre de la manière suivante :

L'*are*, mesure de superficie, est un *carré* (1) de 10 mètres de long et de 10 mètres de large. — Le *centiare*, centième partie de l'are, est un *mètre carré*, c'est-à-dire un carré de 1 mètre de long et de 1 mètre de large. — L'*hectare* a 100 mètres de long et cent mètres de large; il contient 10 000 mètres carrés.

Le *stère*, mesure de solidité, est une mesure solide égale à un *mètre cube*. Le *mètre cube* (2) lui-même est un volume présentant, comme le dé à jouer, autant en largeur qu'en longueur et en hauteur, et ayant 1 mètre à chacune de ses dimensions. — Le *décistère*, qui est égal au dixième du mètre cube, s'applique surtout au mesurage des bois de charpente; le *stère*, au mesurage des bois tant de chauffage que de charpente.

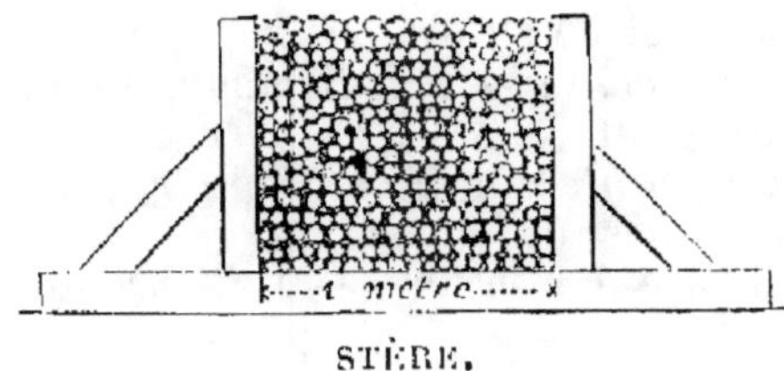

STÈRE.

Le *litre*, mesure de capacité, est égal à un *décimètre cube*, c'est-à-dire, à un volume présentant un décimètre à chacune des trois dimensions, hauteur, longueur, largeur.

Le *gramme*, mesure de poids, est égal, pour la pesanteur, à un *centimètre cube* d'eau pure d'une température (3) un peu supérieure à celle de la glace (4). Le *centimètre cube* est lui-même un volume ayant un centimètre à chacune de ses dimensions.

Le *franc*, mesure de monnaie, est une pièce pesant 5 grammes, dont 9 dixièmes d'argent et 1 dixième de cuivre.

(1) On appelle *carré* une surface ou superficie terminée par quatre côtés égaux dont chacun tombe d'aplomb, c'est-à-dire sans inclinaison sur ceux qu'ils rencontrent.

(2) On appelle *cube* un corps qui a la forme d'un dé à jouer, c'est-à-dire qui est terminé par six faces carrées dont la longueur, la largeur et la hauteur sont égales.

(3) On appelle *température* le degré de chaleur.

(4) Cette température est indiquée par l'expression : 4 *degrés au dessus de zéro*; ce qui signifie que l'instrument qui sert à mesurer la température et qu'on appelle *thermomètre*, marque 4 degrés quand on le plonge dans l'eau pure prise pour terme de comparaison.

TABLEAU GÉNÉRAL DES MESURES MÉTRIQUES.

MULTIPLES				MESURES	SOUS-MULTIPLES.		
DIX-MILLE	MILLE	CENT	DIX	DE LONGUEUR.	DIXIÈME PARTIE.	CENTIÈME PARTIE	MILLIÈME PARTIE
MYRIA. *myriamètre* 10.000 mètres	KILO. *kilomètre* 1.000 mètres	HECTO. *hect-mètre* 100 mètres	DÉCA. *décamètre* 10 mètres	MÈTRE —	DÉCI. *décimètre* 0,1 du mètre	CENTI. *centimètre* 0,01 du mètre	MILLI. *millimètre* 0,001 du mètre
				DE SUPERFICIE MESURES AGRAIRES			
		hectare.... 100 ares		....ARE.... —		....*centiare* 0,01 de l'are.	
				DE VOLUME			
			décastère. 10 stères	.STÈRE.... —	...*décistère* 0,1 du stère		
				DE CAPACITÉ			
myrialitre 10.000 litres	*kilolitre* 1.000 litres	*hectolitre* 100 litres	*décalitre*.. 10 litres	....LITRE.... —	...*décilitre* 0,1 du litre	*centilitre* 0,01 du litre	*millilitre* 0,001 du litre
				DE POIDS			
myriogramme 10.000 grammes	*kilogramme* 1.000 grammes	*hectogramme* 100 grammes	*décagramme*. 10 grammes	....GRAMME.... —	..*décigramme* 0,1 du gramme	*centigramme* 0,01 du gramme	*m lligramme* 0,001 du gramme
				DE MONNAIE			
		Il existe une pièce de 100 fr. en or.	Il existe une pièce de 10 fr. en or.	FRANC...... —	....*décime* 0,1 du franc.	*centime* 0,01 du franc	

Indépendamment des mesures principales indiquées dans ce tableau, il en existe d'autres qui sont le double ou la moitié de chacune de ces mesures.

Questionnaire. — 31. Qu'appelle-t-on *mesures?* — 32. ...... *mesures métriques?* — 33. Qu'est-ce que le *mètre?* — 34. Quels sont les différents genres de mesures que comprend le *système métrique?* — 35. Qu'entendez-vous par mesure de *longueur?* ..... de *superficie?* ..... de *volume?* ..... de *capacité?* ..... de *poids?* ..... de *monnaie?* — 36. Quelles sont, dans le système métrique, les mesures de superficie, de volume, de capacité, de poids, de monnaie? — 37. Qu'appelle-t-on *multiples et sous-multiples?* — 38. Par quels termes caractérise-t-on les multiples et les sous-multiples des diverses mesures métriques? — 39. Quels sont les multiples et les sous-multiples de chaque mesure métrique? — 40. Comment fait-on dériver du mètre les diverses mesures métriques, savoir : l'*are?* — le *centiare?* — le *stère?* — le *décistère?* — le *litre?* — le *gramme?* — le *franc?*

Exercices sur la numération décimale appliquée au système métrique.

Le maître fera lire à l'élève le texte et les nombres des divers tableaux du chapitre III. Il expliquera ce texte et ces nombres. Puis, il adressera des questions telles que l'élève soit forcé de chercher la réponse parmi les chiffres de tel ou tel tableau ; par exemple, tableau 1, le maître demandera quelle est la hauteur ordinaire du tremble? Quelle est la hauteur forte du blé d'hiver? Quelle est la hauteur ordinaire du lin ? etc. Lorsque l'élève sera bien accoutumé à rechercher les nombres qui se trouvent sur les tableaux, le maître passera aux exercices numérotés.

TABLEAU 1. — Hauteur de quelques végétaux connus.

	HAUTEUR	
ARBRES FORESTIERS.	ORDINAIRE.	FORTE.
	Mètre.	Mètre.
1. Sapin argenté, épicéa, chêne pédonculé, mélèze, peuplier d'Italie........	...30......	..40
2. Hêtre, orme, platane, peuplier suisse, peuplier blanc, pin silvestre, châtaignier, chêne rouvre, frène...	...26......	...56
3. Tilleul, pin maritime, tremble, aune, bouleau.....	...18......	..25
4. Charme, érable sycomore, saule blanc...........	...15......	..20
5. Erable champêtre, saule marceau, chêne yeuse...	....9......	...12
PLANTES HERBACÉES.		
Grand chanvre	...2,5.....	...5
Maïs (variété commune du Midi)..........	...1,8....	..2,5
Blé et seigle d'hiver................	...1,5....	...1,6
Orge de printemps à deux rangs...........	...0,75....	...1
Avoine	...0,9.....	...1,4
Lin	...0,5....	...1
Fève	...1,2.....	...1,8

1. — Exprimez successivement en mètres, multiples et sous-multiples du mètre tous les chiffres du tableau 1.

Ex. Hauteur ordinaire des arbres n° 1 ; 30 mètres.

Dites :
3 décamèt.
30 mèt.
300 décim.
3 000 centimèt.
30 000 millimèt.

2. — Exprimez en mètres, multiples et sous-multiples du mètre, la longueur totale de 10 tiges de grand chanvre de hauteur forte, que l'on aurait mises au bout les unes des autres. Indiquez la longueur de 100 tiges semblables, celle de 1 000, celle de 10 000.

Même question sur la longueur de 10, de 100, de 1 000, de 10 000 tiges des diverses espèces d'arbres et de plantes indiquées au tableau 1.

Pour répondre, repassez la règle 26.

TABLEAU 2. — **Produit d'un hectare de céréales.**

	PAYS							
	PAUVRE ET MAL CULTIVÉ — ANNÉE				RICHE ET BIEN CULTIVÉ — ANNÉE			
	ORDINAIRE		ABONDANTE		ORDINAIRE		ABONDANTE	
	grain hectolit.	paille kilogr.	grain hectolit.	paille kil.gr.	grain hectolit.	paille kilogr.	grain hectolit.	paille kil.gr.
Blé d'hiver	.10.	1 900	.15	2 800	.25.	4 700	.57	7 000
Blé de printemps	.8.	1 500	.12.	2 200	.16.	3 000	24.	4 800
Seigle d'hiver	.12.	1 800	.18.	2 700	.26.	4 100	.56.	5 700
Orge d'hiver	.14.	1 800	.21.	2 700	.35.	4 600	.47.	6 200
Orge de printemps	.12.	1 400	.18	2 100	.26.	5 100	.39.	4 600
Avoine	.15.	1 500	22.	2 200	.40.	4 000	60.	6 000
Sarrasin	.12.	1 400	.15.	1 700	.15.	1 700	.21.	4 300
Grand maïs	.20.	1 500	.50.	4 600	.40.	1 700	.60.	2 500

3. — Exprimez successivement en litres, et en chacun des multiples et sous-multiples du litre, les diverses quantités d'hectolitres portées au tableau 2.

4. — Exprimez successivement en grammes et en chacun des multiples et sous-multiples du gramme les diverses quantités de kilogrammes portées au tableau 2.

5. — Quel est, dans chacune des conditions indiquées au tableau 2, c'est-à-dire en pays pauvre et en pays riche, en année ordinaire et en année abondante, le produit de chaque céréale en grain et en paille?

1º	sur	10	hectares.	6º	sur	1 hectare.
2º	—	100	—	7º	—	10 centiares.
3º	—	1000	—	8º	—	1 centième de centiare.
4º	—	1	are	9º	—	10 centièmes de centiare.
5º	—	10	»			

Solution. Le produit en grain de 1 hectare de blé en année ordinaire et en pays pauvre étant de 10 hectolitres, le produit de 10 hectares est dix fois plus fort ou de 100 hectolitres; le produit de 1 are, centième partie de l'hectare, est 100 fois plus faible ou de 10 litres, et ainsi de suite.

TABLEAU 3. — Poids d'un hectolitre de céréales.

	3e QUALITÉ.	2e QUALITÉ.	1re QUALITÉ
	Kilogr.	Kilogr.	Kilogr.
Blé	72	76	80
Seigle	68	72	75
Orge	56	60	64
Avoine	44	46	48
Sarrasin	54	58	62
Maïs	62	67	72

6. — Quel est, en grammes et en chacun des multiples et sous-multiples du gramme, le poids

1º	de	1	litre.	5º	de	1 décalit.
2º	»	1	décilit.	6º	»	1 kilolit.
3º	»	1	centilit.	7º	»	10 hectolit.
4º	»	1	millilit.	8º	»	100 hectolit.

de chaque espèce et de chaque qualité de grain porté au tableau 3?

Solution : Puisque 1 hectolitre de blé de 1re qualité pèse 80 kilogrammes, c.-à-d. 80 000

  1 litre, qui est la centième partie de l'hectolitre, pèse 100 fois moins, c.-à-d. 800

  1 décilitre, dixième partie du litre, pèse 10 fois moins que le litre 80
  et ainsi de suite.

TABLEAU 4. — **Rendement du blé en farine et en pain.**

	CE QUE 100 KILOGR. DE BLÉ PESANT PAR HECTOLIT.				CE QUE 100 KILOGR. DE FARINE DE BLÉ PESANT PAR HECTOLIT.		
	Kilogr.				Kilogr.		
	72	76	80		72	76	80
Rendent en kilog. de farine.......	.70..	.75..	.78..	Rendent en kilogr. de pâte.........	.160.	.165.	.170.
de son.........	.28..	.25..	.20..	de pain.........	.152.	.156.	.140.
Déchet 2.........							

7. — Combien 1 000 kilogrammes de blé des trois qualités indiquées au tableau 4 rendent-ils de kilogrammes de farine et de kilogrammes de son ?

8. — Combien de grammes de pain obtient-on de 10 kilogrammes de farine de chacun de ces blés ?

TABLEAU 5. — **Prix des céréales.**

	CE QU'UN HECTOLITRE DE QUALITÉ ORDINAIRE SE VEND LE PLUS SOUVENT EN ANNÉE		
	MAUVAISE	ORDINAIRE.	ABONDANTE.
	francs	francs	francs
Blé..........	.....32.....	.....17.....	15
Seigle.........	.....21.....	.....12.....	10
Orge.........	.....15.....	.....11.....	9
Avoine.........	.....11.....	.....9.....	7
Sarrasin.........	.....15.....	.....9.....	8
Maïs.........	.....22.....	.....12, 50..	11

9. — Exprimez en sous-multiples du franc chacun des chiffres du tableau 5. EXEMPLE : prix de l'hectolitre de blé année mauvaise, ... 32 francs.

  lisez . . . . 320 décimes.

  — . . . . 3 200 centimes.

10. — Combien valent, en francs et centimes, dans chacune des années spécifiées au tableau 5

1 lit.	100 hectolit.
1 décalit.	1 000 hectolit.
100 lit.	1 décilit.
10 hectolit.	

de chacun des grains spécifiés au tableau 5?

TABLEAU 6. — Culture forestière.

PRODUIT ORDINAIRE EN STÈRES DE BOIS D'UN HECTARE DE TAILLIS DE DIVERS ÂGES ET EN DIVERS TERRAINS.

TERRAIN DE

ÂGE DU TAILLIS.	1re CLASSE.	2e CLASSE.	3e CLASSE.
10 ans	82 stères	55 stères	19 stères.
15	128	88	35
20	185	123	55
25	258	164	76
30	295	205	96
35	348	246	112
40	408	288	128

11. — Exprimez en décistères tous les chiffres du tableau 6.

Ex. produit d'un taillis de 1re classe
de 10 ans. . . . . 82 stères.
         dites. . . . . 820 décistères.

12. — Dans chaque classe de bois et à chaque âge indiqué au tableau 6, quel est, en stères et en décistères, le produit de

10	hectares.	10 000	hectares.
100	»	1	are.
1000	»	10	»

CHAPITRE IV.

Opérations fondamentales du calcul; signes de ces opérations.

41. — On distingue en calcul quatre *opérations fondamentales*, que l'on nomme les *quatre premières règles de*

l'arithmétique. Ce sont : 1° *l'addition*, 2° la *soustraction*, 3° la *multiplication*, 4° la *division*.

42. — Les signes indicateurs de ces opérations sont :

+ *plus*, signe de *l'addition*. 2 + 3 + 5 signifie 2 à quoi 3 et 5 doivent être additionnés ou ajoutés.

— entre deux nombres sur la même ligne, *moins*, signe de la *soustraction*. 4 — 2 signifie 4 dont 2 doit être retranché ou soustrait.

× *multiplié par*, signe de la *multiplication*. 5 × 6 signifie 5 multiplié par 6, c'est-à-dire, répété 6 fois.

— entre deux nombres superposés l'un à l'autre *divisé par*, signe de la *division*.

$\dfrac{12}{4}$ signifie 12 divisé par 4. (On écrit aussi 12/4.)

= *égal à*, signe *d'égalité*. 2 × 3 = 6 signifie : 2 multiplié par 3 égale 6.

42 bis. — Les diverses combinaisons auxquelles on peut soumettre les nombres, se réduisent donc à quatre, savoir : *Ajouter*, *retrancher*, *multiplier*, *diviser*.

Ces quatre combinaisons reviennent en définitive à *composer* ou à *décomposer* les nombres :

On *compose* les nombres en un seul :

1° Par *l'addition;*

2° Par la *multiplication*, qui n'est qu'une addition abrégée.

On *décompose* les nombres :

1° Par la *soustraction*, qui est l'inverse de l'addition;

2° Par la *division*, opération inverse de la multiplication et qui peut se faire par la soustraction.

La *pratique* de ces opérations, qui permet d'arriver au résultat plus vite que par la *numération*, constitue le *calcul*.

Questionnaire. — 41. Quelles sont les opérations fondamentales du calcul ? — 42. Quels sont les signes indicateurs de ces opérations ? — 42 *bis*. Combien y a-t-il de combinaisons auxquelles on peut soumettre les nombres ? Qu'est-ce que le calcul ?

Exercices. — Le maître écrira sur le tableau diverses combinaisons de chiffres séparés entre eux par les signes précédents, et il les fera lire à l'élève. Il lui fera écrire à la dictée des combinaisons analogues. Ex. trois plus deux égale cinq ; six multiplié par trois égale 18, etc.

CHAPITRE V.

Addition.

43. — *L'addition* est une opération par laquelle, deux ou plusieurs nombres étant connus, on découvre le nombre appelé *somme* ou *total*, formé par la réunion de ces nombres.

44. — Pour additionner facilement, il faut apprendre la table d'addition :

```
1+1 . = .......................................  2
1+2 . = .......................................  3
1+3 . 2+2 . = .................................  4
1+4 . 2+3 . = .................................  5
1+5 . 2+4 . 3+3 . = ...........................  6
1+6 . 2+5 . 3+4 . = ...........................  7
1+7 . 2+6 . 3+5 . 4+4 . = .....................  8
1+8 . 2+7 . 3+6 . 4+5 . = .....................  9
1+9 . 2+8 . 3+7 . 4+6 . 5+5 . = ............... 10
      2+9 . 3+8 . 4+7 . 5+6 . = ............... 11
            3+9 . 4+8 . 5+7 . 6+6 . = ......... 12
                  4+9 . 5+8 . 6+7 . = ......... 13
                        5+9 . 6+8 . 7+7 . = ... 14
                              6+9 . 7+8 . = .... 15
                                    7+9 . 8+8 . = 16
                                          8+9 . = 17
                                                9+9 . = 18
```

Exercices. — Le maître fera apprendre cette table à l'élève, jusqu'à ce que celui-ci réponde sans hésiter : 1° quelle est la somme de deux nombres composés chacun d'un chiffre seul ; 2° de quels nombres composés chacun d'un chiffre seul les nombres de 2 à 18 sont la somme.

45. — Pour additionner les nombres formés de deux chiffres et plus, on écrit ces nombres au-dessous les uns des autres, de telle sorte que les unités simples soient sous les unités simples, les dizaines sous les dizaines, les centaines sous les centaines, etc. ; de même, les dixièmes sous les dixièmes, les centièmes sous les centièmes, les millièmes sous les millièmes et ainsi de suite. On tire au-dessous de tous ces nombres un trait horizontal.

Alors, commençant par la droite, on additionne ensemble les chiffres de la première colonne. Si la somme de cette addition donne le chiffre 9 ou un chiffre inférieur, on l'écrit sous le trait, et l'on passe aux colonnes suivantes, que l'on additionne de même.

EXEMPLES :			21 023	
		4 504	33 101	10 410,203
Nombres à additionner :	150	1 081	11 351	25 100,040
	421	2 214	20 310	51 029,115
	208	1 200	12 211	10 340,001
Sommes.	779	8 999	97 996	96 879,359

Si l'addition d'une colonne donne pour total un nombre
supérieur à 9, ce nombre comprend, par là même, une
ou plusieurs unités d'ordre supérieur à celui de la colonne
additionnée ; ces unités, qu'on retient par la mémoire, se
reportent à la colonne suivante.

Ex.   49   Ici 9 et 2 font 11, c'est-à-dire 1 dizaine et
         22   1 unité simple. J'écris 1 à la colonne des
         —   unités simples, et je reporte 1 dizaine
Somme .   71   à la colonne des dizaines. Je commence
alors l'addition de cette colonne en disant : 1 de retenu
et 4 font 5 ; puis je continue : 5 et 2 font 7.

Si l'addition d'une colonne forme un nombre exact
d'unités d'ordre supérieur, on reporte ces unités à la colonne suivante, et on marque dans le total un zéro à la
colonne où l'on se trouve.

Ex.   428   Je dis ici : 8 et 2 unités simples font
         612   10, c'est-à-dire 1 dizaine ; j'écris 0 à la co-
         ——   lonne des unités simples et je retiens 1 di-
       1 040   zaine ; je poursuis : 1 dizaine de retenue
et 2 font 3 ; 3 et 1 font 4 ; j'écris 4 à la colonne des dizaines. Passant aux centaines, je dis : 4 centaines et 6 centaines font 10, c'est-à-dire 1 mille ; j'écris 0 à la colonne
des centaines et 1 à la colonne des mille.

De ce qui précède, on peut conclure la règle **générale**
suivante :

*Pour faire l'addition, on écrit les nombres proposés les
uns sous les autres, de telle sorte que les unités de même
ordre se correspondent dans une même colonne, et on souligne
le tout. Ensuite, on fait la somme des chiffres de la première
colonne à droite : si cette somme ne dépasse pas 9, on l'écrit
au-dessous de la colonne ; si elle excède 9, on écrit seulement
les unités, et on ajoute les dizaines à la colonne suivante. On*

*opère successivement sur les autres colonnes comme sur la
première jusqu'à la dernière à gauche, au-dessous de laquelle on écrit la somme telle qu'on la trouve.*

46. — On vérifie l'exactitude d'une addition en la re-
commençant en sens inverse de la manière dont on a opéré.

Ainsi, lorsque l'on a additionné en prenant les chiffres
de haut en bas, on additionne la seconde fois en les prenant de bas en haut. Si les sommes trouvées à chaque
opération sont les mêmes, l'addition est exacte.

Exercices. Le maître fera faire par l'élève des additions de
deux nombres composés chacun de deux chiffres ; puis, des additions de trois, quatre, cinq nombres composés chacun de deux
chiffres ; puis, des additions de nombres composés de trois chiffres ; enfin, des additions plus compliquées. Il fera recommencer
chaque addition, les nombres étant placés en ordre inverse de
celui dans lequel ils se trouvaient la première fois. — Ainsi, la
seconde addition fera la preuve de la première.

Questionnaire. — 43. Qu'est-ce que l'addition ? — 44. Que faut-il savoir
pour additionner facilement ? — 45. Comment additionne-t-on les nombres formés
de deux chiffres et plus ? — 46. Quelle est la preuve la plus simple d'une addition ?

Problèmes agricoles.

Le maître fera lire successivement par l'élève chacun des tableaux agricoles du chapitre V, et après lui en avoir expliqué le
contenu, il passera aux problèmes qui s'y rapportent, en faisant
remarquer que l'énoncé de chaque problème doit être complété
par des chiffres à chercher sur le tableau précédent.

TABLEAU 7. — Légumes secs. — Produit ordinaire d'un hectare.

	PRODUIT ORDINAIRE D'UN HECTARE				
	GRAIN			PAILLE	
	EN ANNÉE			VÉGÉTATION	
	MAUVAISE	ORDINAIRE	TRÈS-BONNE	FAIBLE	ABONDANTE
	hectolit.	hectolit.	hectolit.	kilogr.	kilogr.
Fève	12	25	30	800	5 500
Pois	9	18	30	900	5 600
Lentille	7	11	17	500	1 500
Haricot nain	8	20	55	1 000	1 500
Id. à rames	10	25	45	1 200	2 000
Gesse (petite)	9	18	30	1 000	2 500

1. — Combien d'hectolitres de grain récolte-t-on en année ordinaire sur 2 hectares de légumes, dont un en fèves, l'autre en pois?

2. — En année très-bonne, sur 4 hectares, dont 1 de fèves, 1 de pois, 1 de lentilles, 1 de gesses?

3. — En année mauvaise, sur 5 hectares, dont 1 de fèves, 1 de pois, 1 de haricots nains, 1 de haricots à rames, 1 de gesses?

4. — En année très-bonne avec végétation abondante, combien d'hectolitres de grains et combien de kilogrammes de paille récolte-t-on sur 6 hectares de légumes secs, dont 1 de chacune des espèces portées au tableau 7?

5. — Même question pour une année mauvaise avec végétation faible?

TABLEAU 8. — Poids et prix de l'hectolitre de légumes secs.

POIDS ORDINAIRE DE L'HECTOLITRE.		PRIX. Le prix de l'hectolitre de légumes secs varie suivant leur qualité et en raison de l'abondance des autres grains.
	kilogr.	
Fève................	..80..	........De 12 francs à 25 francs.
Pois................	..79..	............15...... à 50
Lentille............	..85..	....30.......à 58
Haricot............	..77..	............13.......à 46
Gesse?.............	..78..	............15.......à 22

6. — Quel est le poids total de 3 litres de légumes secs, dont 1 de fèves, 1 de haricots, 1 de lentilles?

Solution : L'hectolitre contenant 100 litres, le litre de fèves pèse 100 fois moins que l'hectolitre de ce même grain, lequel pèse lui-même 80 000 grammes.

D'après la règle 26, déplaçant la virgule de deux colonnes à droite, on trouve que le litre pèse. . . . . 800 grammes.

On trouve de même que le litre de haricots pèse . . . . 770 »

et celui de lentilles . . . . 850 »

Poids total cherché . . . . . 2 420 grammes.

TABLEAU 9. — Plantes textiles.

	PRODUIT ORDINAIRE D'UN HECTARE				
	TIGES SÈCHES.	FILASSE ÉPURÉE.	PRIX ordinaire du kilogr. de filasse épurée.	GRAINE.	PRIX ordinaire de l'hectol. de graine de semence
	kilogr.	kilogr.	francs.	hectolit.	francs.
Grand chanvre ...	..8 000...	...960....	...1,10...	.... 6 ...	25
Chanvre commun..	..4 000...	...480....	..1,20...	....10....	15
Lin de Russie...	..5 500...	...660....	...2 (1)...	.... 7....	40
Lin commun	..1 700...	...340....	...1,25...	.... 9....	19

7. — Un cultivateur doit transporter le produit en tiges sèches de 10 hectares de grand chanvre, de 1 hectare de chanvre commun, de 10 hectares de lin de Russie, de 100 hectares de lin commun. Quelle sera en kilogrammes la totalité de ces chargements ?

8. — Quelle somme totale réalisera-t-on avec

     1 000 kilogr. de filasse de grand chanvre

     1 000 . . . . . . chanvre commun

     10 000 . . . . de lin de Russie.

plus 10 hectolit. de graine de chanvre commun et 100 hec-. tolit. de graine de lin commun ?

TABLEAU 10. — Plantes oléagineuses.

	PRODUIT D'UN HECTARE EN HECTOLIT. DE GRAINE ANNÉE		PRIX ORDINAIRE DE L'HECTOLITRE ANNÉE	
	MAUVAISE.	ABONDANTE	MAUVAISE.	ABONDANTE
	hectolit.	hectolit.	francs.	francs.
Colza d'hiver ...	....10....	....33....	....31....	22
Navette d'hiver...	.... 8....	....24....	....28....	20
Navette d'été ...	.... 6....	....18....	....26....	19
Œillette...	....10....	....32....	....30 ...	21
Cameline...	....10....	....32....	....25....	18

(1) Le prix du kilogr. de filasse du plus beau lin s'élève parfois jusqu'à 4 et 5 fr

9. — Combien d'hectolitres de graines oléagineuses a-t-on recueillis dans une année mauvaise sur la totalité des cultures suivantes :

```
10     hectares...............  de colza d'hiver.
 1        —    ...............  de navette d'hiver.
100       —    ...............  de navette d'été.
10        —    ...............  d'œillette.
 1        —    10 ares         de cameline.
```

10. — Combien d'argent produisent en totalité dans une année abondante

```
100    hectolit...............  de colza d'hiver.
 10       —    ...............  de navette d'hiver.
  1       —    ...............  d'œillette.
  1    décalit...............  de cameline.
  1    lit...................  de navette d'été.
```

TABLEAU 11. — Graines oléagineuses.

	POIDS DE l'hectolitre en kilogr.	RENDEMENT DE 100 KILOGRAMMES			
		EN HUILE.	PRIX ordinaire de 100 kilogr. d'huile.	EN TOURTEAU	PRIX ordinaire de 100 kilogr. de tourteau
		kilogr.	francs.	kilogr.	francs.
Colza d'hiver.....	....68....	....38....	...108....	....59....	16
Navette d'hiver....	....66....	....55....	...105....	....64....	15
Navette d'été......	...62....	....27....	...105....	....70....	15
Œillette..........	....62....	....52....	...128....	....65....	14
Cameline..........	....69....	....28...	... 90....	....69....	14
Lin...............	....69....	....25....	... 95....	....74....	24
Chanvre...........	....52....	....20....	... 95....	....77....	12

11. — Quel est le poids total des quantités suivantes de graines oléagineuses :

```
 1     lit...................  de colza d'hiver.
 1     décalit...............  de navette d'été.
 1     décilit...............  d'œillette.
 1     hectolit...............  de navette d'hiver.
 1     centilit...............  de cameline.
10     hectolit...............  de lin.
100    hectolit...............  de chanvre.
```

12. — Quelle est en argent la valeur totale de 7 hectogr. d'huile dont 1 hectogr. de chacune des espèces indiquées au tableau 11 ?

13. — Quelle quantité d'huile et quelle quantité de tourteau tire-t-on de 7000 kilogr. de graine, dont 1 000 kilogr. de chacune des 7 espèces portées au tableau 11 ?

TABLEAU 12. — Pommes de terre.

PRODUIT D'UN HECTARE DE BON TERRAIN EN ANNÉE ORDINAIRE.			
VARIÉTÉS AGRICOLES.	kilogr.	VARIÉTÉS POTAGÈRES.	kilogr.
Bienfaiteur	31 421	Comice d'Amiens.........	19 000
Chardon...................	29 229	Ségonzac...............	15 200
Renommée.................	26 526	Marjolaine.............	11 500
Shaw.....................	22 725	Vitelotte de Paris	12 500
Noire des montagnes......	52 000		

Le prix courant de l'hectolitre varie en général de 1 fr., 50 à 4 fr., 50.

POIDS ORDINAIRE DE 1 HECTOLITRE.	RENDEMENT ORDINAIRE DE 100 KILOGRAMMES EN	
	FÉCULE.	PULPE PRESSÉE.
65 kilogrammes.	18 kilogrammes.	54 kilogrammes.

14. — A quel poids s'élève le produit total de 5 champs de 10 hectares chacun, plantés par étendue égale en pommes de terre des 5 variétés agricoles du tableau 12 ?

15. — Même question pour 4 carrés de 1 are chacun, plantés par étendue égale en pommes de terre des 4 variétés potagères du même tableau.

16. — On a vendu

10 hectolit. de pommes de terre	1 fr.,55 l'hectolit.
100 — — —	2 ,22 »
1000 — — —	5 ,75 »
10000 — — —	5 ,75 »

Quelle somme doit être réalisée en tout ?

TABLEAU 13. — Betteraves à sucre.

PRODUIT ORDINAIRE D'UN HECTARE DE BON TERRAIN EN ANNÉE			PRIX ORDINAIRE DE 1 000 KILOGR. EN ANNÉE	
MAUVAISE.	ORDINAIRE.	TRÈS-FAVORABLE.	MAUVAISE.	ABONDANTE.
kilogr. 20 000	kilogr. 50 000	kilogr. 80 000	francs. 19	francs. 15

RENDEMENT DE 100 KILOGRAMMES EN				
			SUCRE.	
JUS.	PULPE.	RENDEMENT FAIBLE	ORDINAIRE.	FORT.
kilogr. 78	kilogr. 22	kilogr. 4	kilogr. 5	kilogr 7

1 mètre cube de betteraves qui, au mois d'octobre, pèse 600 kilogr., et qui, à cet instant de l'année, rend en sucre 5 pour 100, ne pèse plus en février que 500 kilogr., et alors on n'en tire plus en sucre que 4 p. 100.

Distillées par le procédé champonnois, les betteraves à sucre rendent d'ordinaire en alcool pur 4 pour 100 de leur poids et en pulpe 70 pour 100. Égouttée, cette pulpe perd moitié de son poids.

17. — J'ai 100 hectares de betteraves à sucre. Quel est le produit total de cette culture pour trois années, dont une mauvaise, la seconde ordinaire, la troisième très-favorable ?

18. — Une sucrerie achète chaque année 10 millions de kilogr. de betteraves. Quelle est la dépense totale de deux années, dont une mauvaise, l'autre abondante?

19. — Sur 3 millions de kilogr. de betteraves, 1 million a donné en sucre le rendement faible, 1 million le rendement fort, 1 million le rendement ordinaire. Combien de sucre a-t-on obtenu en tout?

20. — J'ai à faire charroyer la pulpe produite dans une sucrerie par 1 000 000 kilogr. de betteraves et celle non égouttée produite dans une distillerie par 100 000 kilogr. Quelle sera la totalité de mes chargements ?

TABLEAU 14. — Légumes verts fourragers.

PRODUIT ORDINAIRE D'UN HECTARE.					
	NATURE du produit.	POIDS du produit.	QUANTITÉ de foin de 1r. qualité à laquelle équivaut le produit. (1)	POIDS du feuillage.	QUANTITÉ de foin de 1re qualité à laquelle équivaut le produit en feuillag.
		kilogr.	kilogr.	kilogr.	kilogr.
Betterave à vaches...	racines....	.45 000..	.11 125..	..8 000..	800
Carotte à vaches.....	...id....	.50 000..	.10 000..	..8 000..	..2 000
Panais......	...id....	.25 000..	..8 555..	..9 000..	.3 000
Navet...............	...id....	.52 000..	..8 000..		
Rave..	...id....	.50 000..	.10 000..		
Gros radis noir	...id....	.56 000..	..9 000..		
Chou navet..........	...id....	.56 000..	.12 000..	.10 000..	..2 500
Rutabaga	...id....	.56 000..	.12 000..	.10 000..	..2 500
Chou rave...........	renflement charnu...	.56 000..	.12 000..	.10 000..	..2 500
Chou pomme........	pommes...	.70 000..	.17 500..		
Topinambour........	tubercules.	.20 000..	..6 665..	.15 000..	.matière
Citrouille	..fruits...	.60 000..	.15 000..	.50 000..	à engrais.

21. — Quel est en kilogr. le poids du produit d'une culture de légumes verts comprenant 1 hectare de chacune des espèces portées au tableau 14?

— A combien de kilogr. de foin équivaut cette récolte?

22. — Mêmes questions pour une culture comprenant

```
10  hectares  de  betterave.
1       »      de  carotte.
10  ares       de  panais.
1       »      de  rutabaga.
10  centiares de  citrouille.
```

22 bis. — Mêmes questions pour une culture comprenant

```
100  hectares de  betterave.
10      »       de  carotte.
1       »       de  panais.
1       »       de  chou-rave.
1       »       de  topinambour.
10   ares      de  citrouille.
1       »       de  chou-pomme.
10  centiares de  navet.
```

(1) La valeur nutritive des légumes verts varie suivant la nature du sol qui les a produits. Les chiffres du tableau 14 ne peuvent donc être considérés comme absolus.

TABLEAU 15. — Plantes tinctoriales et industrielles diverses.

	PRODUIT D'UN HECTARE.					
	PRODUIT PRINCIPAL			PRODUIT SECONDAIRE.		
	NATURE du produit.	POIDS		PRIX ordinaire du kilogr.	NATURE du produit.	POIDS.	PRIX de 100 kilogr.
		ordin.	élevé.				
		kilog.	kilog.	francs.		kilog.	francs
Garance de 30 mois.	racines sèches	5 000.	5 500.	...0,70...	fourrage	5 000.	..3,50
Id. 18 mois.	.....id......	2 000.	5 500.	....id....	...id...	5 000.	..3,50
				Le prix des racines est très-variable suivant la qualité.			
Safran 1re année.	stigmates secs.	...10.	...15.		fourrage	..700.	
2e »	......»......	..30.	...50.	..60......	...id...	1 000.	...3
3e »	......»......	..25.	...40.		...id...	1 000.	
Carthame.	fleurons secs..	..250.	..300.	...2.50...	graine.	..800.	.25
Gaude	tiges sèches...	2 500.	5 500.	...0,18...			
Pastel	feuilles sèches en coques...	1 200.	1 500	...0,42...			
Tournesol.	drapeaux colorés par le suc.........	1 200.	1 400.	...1,10...			
Cardère...	têtes.........	..500.	..700.	...1......			
Sorgho à balai ...	têtes.........	..700.	..800.	...0.35...	graine.	2 400.	.11
Soude	cendres......	..500.	1 200.	...0,18...			

23. — Quelle est la valeur totale d'un lot de marchandise comprenant 10 kilogr. du produit de chacune des cultures spécifiées au tableau 15?

24. — Quel est en kilogr. le poids total du produit principal et du produit accessoire d'une culture comprenant 10 ares, 10 centiares de chacune des plantes portées au tableau 15?

25. — Quel est en hectogrammes le poids total du produit principal d'une culture comprenant 1 are, 01 centiare de chacune des plantes portées au tableau 15?

26. — Quelle est en décimes la valeur totale d'un lot de marchandises comprenant 1 hectogramme du produit de chacune des cultures spécifiées au tableau 15?

TABLEAU 16. — Plantes aromatiques et médicinales.

	PRODUIT D'UN HECTARE.					
	PRODUIT PRINCIPAL.			SECONDAIRE.		
	NATURE du produit.	POIDS		PRIX ordinaire du kilogr.	NATURE du produit.	POIDS ordin.	PRIX ordin. de 100 kilogr.
		ordin.	élevé.				
		kilogr.	kilogr.	francs.		kilogr.	francs
Houblon en plein rapport......	cônes secs...	..815.	2 000.	...2......	litière...	.9 000	..1...
Chicorée à café......	racines séch.	4 500.	6 500.	...0,20...	four. vert	16 000	..0,70
Tabac dans le Midi....	feuilles séch.	..400.	..900.				
Tabac dans le Nord...	....id.....	1 500.	2 700.				
1re qualité.	....	......	......	...1,50			
dernière qualité....	....	......	......	...0,70			
Anis.......	graine......	..700.	..800.	...1,25...	litière...	.1 200	..1
Rosier de Damas....	fleurs fraîch.	2 000.	5 000.	...0,60			
Rosier de Provins...	.....id.....	4 000.	5 000.	...0,50			
Réglisse de 3 ans.....	racines séch.	..800.	1 000.	...0,80			
Iris de 2 ans	.....id.....	5 000.	5 500.	...0,55			
Moutarde noire.....	graine......	..800.	1 000.	...0,45.,.	litière...	.1 500	..1
Moutarde blanche...	.....id.....	..900.	1 200.	...0,10	litière...	.2 000	..1

27. — A quel poids s'élève le produit ordinaire de cultures comprenant 1 are, 10 centiares de chaque plante portée au tableau 16 ?

28. — Quelle est la valeur totale d'un lot comprenant 1 hectogramme du produit principal de chaque culture indiquée au tableau 16 ?

Problèmes divers sur l'addition.

1. — Un apprenti a acheté en une année pour 57 fr., 50 de livres ; il a payé 28 fr. de rétribution, pour suivre les cours d'une classe d'adultes ; il a versé 12 fr. à la caisse de la société de secours mutuels dont il fait partie ; ses dépenses d'entretien étant de 306 fr., quelle est sa dépense totale ?

2. — Un propriétaire a vendu dans le courant d'une année pour 356 fr., 75 de

blé, 175 fr. de vin, 112 fr., 50 de fourrage, 67 fr. de pommes de terre : combien
a-t-il retiré de la vente de ces produits ?

3. — Quelle est la population du globe, sachant que l'Europe a 278 000 000
d'habitants, l'Asie 750 000 000, l'Afrique 182 000 000, l'Amérique 58 000 000 et
l'Océanie 20 000 000 ?

4. — Une personne dépense chaque année 265 fr. pour son loyer, 650 fr. pour
sa nourriture, 15 fr. de blanchissage, 185 fr. pour son habillement, 100 fr. en
bonnes œuvres, 325 fr. en frais divers ; il lui reste 560 fr. ; quel est son revenu ?

5. — Un ouvrier, avec le fruit de ses économies, a pu acheter une maison qui
lui a coûté 15 600 fr. ; les frais de l'acte de vente s'élèvent à 1 065 fr., 45 et les dépenses pour réparations à 645 fr., 70 : à combien revient cette maison ?

6. — Un marchand a vendu : 1o 657 kilog. de marchandises pour 6 427 fr.,
2o 439 kilog. pour 9 468 fr., et 95 kilog. pour 740 fr., 02 : combien a-t-il vendu
de kilogrammes et pour quelle somme ?

7. — Un propriétaire a payé au percepteur, le 1er avril 75 fr., le 1er juillet 127
fr., 50, le 1er octobre 96 fr., le 30 décembre 112 fr., 25 : quel est le montant de ses
contributions ?

8. Mémoire de fournitures

Faites pour le compte de M... par J. B... cordonnier, à Toulouse.

1869			fr.	c.
Février...	..7.	1 paire de souliers vernis pour M...............	14	50
Mai.......	..2.	1 paire de pantoufles pour Mlle...............	6	»
—	.18.	1 paire de bottines pour Mme...............	12	50
Juin......	.24.	1 paire de souliers cuir pour M...............	10	»
Juillet....	.13.	Divers raccommodages, ensemble...............	8	75
—	.15.	1 paire de souliers forts...............	14	»
		Total (à faire)...............		

Pour acquit.

A Paris, le 15 juillet 1869.

(Signature.)

9. — Quittance de contributions.

No 500. COMMUNES, ETC.	Du 22 mai 1868. — Reçu de M. Garnier.				
Eclaron.........	209	Contributions directes.	Exercice 1868.	246	47
Allichamps......	201		Exercice 1868.	31	20
Eclaron.........	202		Exercice 1868.	18	50
Humbécourt.....	106		Exercice 1868.	1	16
Sᵗ-Livière	114		Exercice 1868.	9	32
		Total (à faire).			

Prix ordinaire de divers objets de consommation ménagère.

ÉPICERIE.

	francs.		francs.
Sucre............ le kilogr.	..1,40..	Riz............. le kilogr	..0,40
Sel.................. » ...	..0,22 .	Fécule................. » ...	..0,35
Café................. » ...	..5,50..	Miel .... » ...	..1,50
Chandelle............ » ...	..1,50..	Cire jaune............. » ...	..4,70
Huile à brûler........ » ...	..0,95..	Figues sèches.......... » ...	..1,15
» d'œillette à manger » ...	..1,40..	Raisins secs........... » ...	..1,50
» de pétrole. .... » ...	..0,80..	Vinaigre......... le litre.	..0,35
» d'olive............ » ...	..2,25..	Eau-de-vie............ » ...	..1,25

LA TERIE, BOUCHERIE, VOLAILLES.

	francs.			francs.
Beurre frais ..... le kilogr.	..2,50..	Bœuf, 1re catégorie. le kilog.		..1,80
Fromage de gruyère... » ...	..1,70..	» 2e »	.... » ...	..1,50
Œufs......... la douzaine.	..0,70..	» 3e »	.... » ...	..1,20
Lait............. le litre.	..0,15..	Veau, 1re catégorie.... » ...		..1,95
Canards.......... la pièce.	..1,70..	» 2e »	.... » ...	..1,60
Poulets............. » ...	..2,15..	Mouton, 1re »	.... » ...	..2,15
Dindons............. » ...	..6,00..	» 2e »	.... » ...	..1,60
Pigeons .... » ...	..0,75..	Porc .... » ...		..1,80

Le maître se servira des tableaux précédents pour faire additionner par ses élèves des mémoires analogues à ceux des marchands. Ex.

Le 10 juin 1869, *fourni à M. Léger*;

1 kilogr. de sucre................	2 fr.,	40
1 litre de vinaigre	0	, 35
1 kilogr. de café................	3	, 50

et ainsi de suite.

CHAPITRE VI.

Soustration.

47. — La *soustraction* est une opération par laquelle on cherche la *différence* qui existe entre deux quantités inégales. La ligne de la soustraction est —, qui signifie moins.

Ex. $5 - 2 = 3$.

48. — Pour opérer facilement la soustraction, il faut parfaitement savoir la table d'addition (§ 44). En effet, sachant par cette table que 8, par exemple, se compose de $1+7$, ou de $2+6$, ou de $3+5$, ou de $4+4$, quel que soit le nombre à retrancher de 8, l'autre est immédiatement connu.

49. — Lorsqu'on ajoute une même quantité à deux nombres inégaux, la différence qui existe entre ces nombres ne change pas.

Ex. : Pierre a 5 francs, Paul 2 francs; Pierre se trouve donc avoir 3 francs de plus que Paul. Donnez 10 francs à chacun des deux; comme vous avez donné à l'un autant qu'à l'autre, il est évident que Pierre a toujours 3 francs de plus que Paul.

50. — Pour soustraire l'un de l'autre deux nombres composés de plusieurs chiffres, on écrit le plus petit nombre sous le plus grand, de telle sorte que les unités de chaque ordre soient exactement au-dessous les unes des autres; ainsi, les unités simples sous les unités simples, les dizaines sous les dizaines, les mille sous les mille, les dixièmes sous les dixièmes, les centièmes sous les centièmes, etc.; on tire un trait horizontal au-dessous des deux nombres; puis, commençant par la droite, on retranche successivement de chaque chiffre appartenant au grand nombre le chiffre correspondant du nombre le plus petit, et on écrit la différence sous chaque colonne. Si, dans telle colonne, les chiffres des deux nombres se trouvent les mêmes, on écrit un zéro. Enfin, si un chiffre du plus petit nombre est plus grand que son correspondant du plus grand nombre, on ajoute par la pensée à ce dernier chiffre le nombre 10, et du total ainsi formé on retranche le chiffre du nombre le plus petit. Ce chiffre 10 représente une unité de l'ordre suivant; le plus grand des deux nombres a donc été rendu trop grand d'une unité de cet ordre; mais on fait immédiatement la compensation entre les deux nombres, en ajoutant par la pensée une unité de ce même ordre au chiffre correspondant du petit nombre. Les deux nombres se trouvent alors augmentés chacun d'une quantité égale; ce qui ne change pas la différence, ainsi qu'il a été démontré (§ 49).

Dans la soustraction de deux nombres contenant des fractions décimales, il peut arriver que l'un ait plus de décimales que l'autre. Dans ce cas, on opère comme si le nombre qui a le moins de décimales était complété par des zéros placés à la droite des décimales, zéros que l'on suppose écrits par la pensée ou qu'on écrit réellement ; puis on sépare sur la droite du résultat autant de décimales qu'il y en a dans celui des deux nombres qui en contient le plus.

Ex. Soit donné à soustraire 189 de 212 :

212 Commençant la soustraction par les unités de premier ordre, je dis : 9 de 2 ; mais 9 ne pouvant s'extraire de 2, j'ajoute 10 à 2, et je dis : 9 de 12 ; reste 3 que j'écris.

J'ai augmenté d'une dizaine le nombre 212. Pour faire la compensation, j'ajoute par la pensée une dizaine au nombre 189, et ayant alors à ce nombre 9 dizaines au lieu de 8, je dis 9 de 1 ; mais 9 ne pouvant s'extraire de 1, à ce nombre 1 dizaine j'ajoute 10 dizaines, et je dis : 9 de 11, reste 2 que j'écris.

Ayant ainsi augmenté de 10 dizaines qui forment une centaine, le nombre 212, j'augmente d'une centaine, par la pensée, le nombre 189, et dans la soustraction des centaines je dis : 2 de 2, reste rien.

23 est donc la différence cherchée.

On suit le même procédé toutes les fois que, des unités ou des fractions d'un certain ordre venant à manquer au nombre supérieur, c'est un zéro qui se trouve à la place de ces unités ou de ces fractions.

Ex. Soit donné 21 à soustraire de 40 :

40 Je dis : 1 de 10, reste 9 ; puis 3 de 4, reste 1 ; 21 différence, 19.

51. — Pour faire la preuve de la soustraction, on additionne le plus petit des deux nombres avec la différence trouvée : on doit retrouver le plus grand nombre. Ainsi, dans l'exemple ci-dessus (21 soustrait de 40), la différence trouvée 19, additionnée avec le nombre 21, égale 40.

Questionnaire. — 47. Qu'est-ce que la soustraction ? — 48. Que faut-il savoir pour opérer facilement la soustraction ? — 49. Lorsqu'on ajoute une même quantité à deux nombres inégaux, la différence qui existe entre ces nombres change-t-elle ? — 50. Comment soustrait-on les uns des autres des nombres composés de plusieurs chiffres ? — 51. Comment fait-on la preuve de la soustraction ?

Problèmes agricoles sur la soustraction.

Le maître fera lire les tableaux suivants; il en expliquera le contenu et il fera faire les problèmes qui s'y rapportent.

TABLEAU 17. — Plantes fourragères.

PRODUIT ORDINAIRE D'UN HECTARE.	NOMBRE de coupes par an.	FOURRAGE SEC.	FOURRAGE VERT.
		kilogr.	kilogr.
Pré naturel irrigué 1re qualité..	5	10 000	40 000
Pré naturel non irrigué 1re classe	2	6 000	24 000
id. id. 2e classe	1	3 500	14 000
id. id. 3e classe	1	2 500	10 000
Ivraie vivace	1	5 000	12 000
Id. d'Italie	2	7 000	28 000
Id. multiflore	1	5 600	12 000
Luzerne irriguée (Midi)	5	10 000	48 000
Id. non irriguée	3	6 000	24 000
Grand sainfoin	2	5 600	22 000
Sainfoin commun	1	5 000	12 000
Trèfle violet (Nord)	2	6 000	24 000
Id. incarnat	1	3 500	14 000
Id. blanc (Nord)	2	4 500	18 000
Lupuline	1	3 500	14 000
Vesce d'hiver	1	4 000	16 000
Id. de printemps	1	3 000	12 000
Pois fourrager	1	3 000	12 000
Jarosse ou grande gesse	1	3 500	14 000
Petite gesse	1	3 000	12 000
Lentillon et lentille uniflore	1	2 500	10 000
Sarradelle	1	2 500	10 000
Ervilier	1	2 500	10 000
Seigle fourrager	1		10 000
Orge d'automne, id.	1		10 000
Navette fourragère	1		10 000
Moutardon	1		10 000
Pimprenelle	1	2 000	6 000
Moha de Hongrie	1	3 000	12 000
Grand maïs	1		80 000
Sorgho sucré	1		40 000
Chou à vaches. Plusieurs cueillettes			70 000
Ajonc, une coupe tous les deux ans			52 000

1. — Combien une luzerne irriguée donne-t-elle de coupes de plus qu'une luzerne non irriguée ?

Solution. — Cherchez sur le tableau combien de coupes donnent une luzerne irriguée et une luzerne non irriguée. Vous trouvez que la luzerne irriguée donne 5 coupes; la luzerne non irriguée 3 coupes. Vous posez alors la soustraction : ôté 3 de 5, reste 2, qui est le nombre cherché.

2. — Quelle différence y a-t-il entre le produit, en fourrage sec, d'un hectare de pré irrigué et celui d'un hectare de pré non irrigué de deuxième classe?

3. — Entre le produit, en fourrage vert, d'un hectare de grand sainfoin et celui d'un hectare de sainfoin commun?

4. — Pierre a récolté en fourrage sec 10 hectares de pré non irrigué de 2ᵉ classe, 1 hectare de pré de 3ᵉ classe, 1 hectare d'ivraie vivace. Paul a récolté en sec 10 hectares d'ivraie d'Italie, 1 hectare d'ivraie multiflore, 1 hectare de trèfle violet. Combien l'un a-t-il de plus que l'autre ?

Solution. — Vous apprenez par le tableau que 1 hectare de pré non irrigué de 2ᵉ classe donne 3 500 kilogr. de fourrage sec, 10 hectares en donnent 10 fois plus, c'est-à-dire   35 000 kil.

Vous ajoutez à cette quantité le produit de 1 hectare de pré de 3ᵉ classe. 2 500

Enfin le produit de 1 hectare d'ivraie vivace. 3 000

Total . . . .   40 500 kil.

Voilà ce que Pierre a récolté. Vous établissez de même quelle a été la récolte de Paul. Vous soustrayez ensuite la plus petite quantité de la plus grande.

5. — J'ai rangé dans le magasin A le produit de 10 hectares de trèfle incarnat, de 1 hectare de trèfle blanc, de 10 hectares de lupuline, de 1 are, 10 centiares de vesce d'hiver. J'ai mis dans le magasin B le produit de 10 hectares de vesce de printemps, de 10 hectares de pois fourrager et de 1 hectare de jarosse. Quelle différence y a-t-il entre les masses de fourrage qui remplissent ces deux magasins ?

6. — Dans une ferme qui possède 10 hectares de pré irrigué de 1ʳᵉ qualité, 1 hectare de pré non irrigué de 1ʳᵉ classe, 10 ares de pré de 2ᵉ classe, 1 are, 10 centiares de pré de 3ᵉ classe, quel supplément de fourrages artificiels faudra-t-il pour un approvisionnement de 200 000 kilogr. de fourrage sec ?

7. — J'ai à 10 kilom. de ma ferme un hectare de trèfle violet, pièce A. Le charroi de 1 000 kilogr. de ce champ à la ferme coûte 25 centimes par kilomèt.: de combien les

frais de charroi du produit de ce champ récolté en vert
dépasseront-ils les frais de charroi du produit de la même
pièce récoltée en sec?

Solution. — Si le charroi de 1000 kilogr. de trèfle coûte
0 fr., 25 c. par kilomètre, le charroi de cette même quantité venant
de 10 kilomètres de distance coûte 10 fois plus, savoir : 2 fr., 50.
La pièce A ayant 1 hectare et l'hectare produisant 6 fois 1000 kilogr.
ou 6000 kilog. de fourrage sec, j'additionne 6 fois 2 fr., 50 c., ce
qui donne 15 fr. pour les frais de charroi du produit récolté en sec.

Le produit en fourrage vert étant de 24 000 kilog., j'additionne
24 fois 2 fr., 50 c., ce qui donne 60 fr. pour les frais de charroi
du produit récolté en vert. Je soustrais 15 de 60 ; j'obtiens ainsi
la différence cherchée.

La multiplication permet de simplifier l'addition de nombres
égaux.

8. — J'ai à 1 kilomèt. de distance de la ferme une autre
pièce de trèfle d'un hectare, pièce B; même question.

9. — Si les deux pièces de trèfle A et B sont toutes deux
récoltées en vert, combien y aura-t-il de frais de charroi
de plus pour le produit de l'une que pour celui de l'autre?

TABLEAU 18. — **Plantes fourragères en graine.**

| | PRODUIT ORDINAIRE D'UN HECTARE. | | | |
| | GRAINE. | | PAILLE. | |
	NOMBRE de kilogram.	PRIX ordinaire du kilogr.	NOMBRE de kilogram.	VALEUR ordinaire de 100 kil.
		francs.		francs.
Luzerne dans le Midi	600	1,50	1 600	2
Id. Centre	400	1	1 600	2
Grand sainfoin	800	0,52	1 500	2
Sainfoin commun	500	0,25	1 000	2
Trèfle violet	350	1,16	1 500	1
Trèfle incarnat	260	0,68	1 500	1
Trèfle blanc	160	1,70	1 000	1,50
Lupuline	500	0,40	1 500	1,50
Vesce d'hiver	1 800	0,25	5 000	1
Vesce de printemps	1 200	0,25	1 800	1
Serradelle	150	2	1 200	2
Ervilier	960	0,50	1 200	1,50
Petite et grande gesse	1 800	0,25	5 000	1
Spergule	400	0,60	1 000	1
Ivraie vivace	500	0,80	1 500	1,50
Ivraie d'Italie	800	0,80	2 000	1,50
Ivraie multiflore	400	0,65	1 200	1,50
Moha	350	1,50	2 000	2

10. — On a récolté en graine deux carrés, l'un de trèfle violet, l'autre de trèfle incarnat, chacun d'une étendue de 10 ares, 10 centiares. Combien de graine l'un a-t-il produit de plus que l'autre ?

11. — J'avais récolté, en 1864, 1000 kilogr. de graine de luzerne du Centre, 10 000 kilogr. de graine de grand sainfoin. En 1865, j'ai recueilli 100 kilogr. de graine de trèfle violet, 100 kilogr. de sainfoin commun et 10 000 kilogr. de vesce d'hiver. De quelle valeur en argent l'une de ces deux récoltes l'emporte-t-elle sur l'autre ?

12. — J'avais récolté en graine 1 hectare, 10 centiares de trèfle blanc. Je vends 87 kilogr., 525 gr. ; combien de graine doit-il me rester ?

13. — Pierre a échangé avec Paul 100 kilogr. de graine de trèfle blanc contre 100 kilogr. de graine de luzerne de Provence. Combien d'argent l'un des deux redoit-il à l'autre ?

Problèmes divers sur la soustraction.

1. — Combien de temps s'est-il écoulé, 1º depuis le triomphe du Christianisme, dans l'empire romain, en 324 ; 2º depuis l'invention de l'imprimerie en 1436, jusqu'en 1869.

2. — Une personne qui avait 990 fr. à la caisse d'épargne a dû retirer 275 fr., 25 c. : quelle somme portera encore son *livret* ?

3. — Par ordre du médecin, le thermomètre centigrade marquait hier 19º,3 dans une chambre de malade ; il marque aujourd'hui 22º,7 : de combien cette nouvelle température est-elle trop élevée ?

4. — Un mémoire de fournisseur a été réduit de 1817 fr., 85 à 1749 fr., 07 c.; quel est le montant de la réduction ?

5. — On donne à un tailleur 12 mèt.. 75 de drap pour faire un habillement complet ; il rend un coupon de 1 mèt., 20 : combien a-t-il employé de drap ?

6. — Un marchand avait 565 kilog. de marchandises ; il en a vendu d'abord 45 kilog., puis 127, ensuite 74 : combien lui en reste-t-il ?

7. — Péking, la ville la plus peuplée du globe, compte 4 235 600 habitants ; Paris n'en a que 1 825 274 : quelle est la différence entre la population de ces deux villes ?

8. — Un commis marchand a un traitement de 1800 fr.; il ne dépense que 950 fr. : combien économise-t-il ?

Exercices. — Le maître fera repasser la table d'addition (§ 44) jusqu'à ce que l'élève réponde sans hésiter ce qui reste lorsque, de l'un des nombres de la colonne gauche de ladite table, on retranche un nombre quelconque composé d'un chiffre seul.

Le maître fera faire ensuite des soustractions sur des nombres composés de deux ou trois chiffres, puis sur des nombres composés de plusieurs chiffres avec fractions décimales. Il exigera la preuve de chaque soustraction par l'addition.

Ces exercices se feront simultanément avec la solution des problèmes.

MÉMOIRE D'UN MARCHAND DE VIN.

		Doit. francs.	Avoir. francs.
10 Juin...	Fourni 5 flacons madère vieux à 3 fr.,50..	..17, 50	
	Id. 5 » pommard à 2 fr.,50......	..12, 50	
	Id. 5 » St-Julien à 2 fr.,25.....	..13,75	
	Id. 10 Aï mousseux à 3 fr.,75.........	..57,50	
12 Juin.	Reçu à compte.....................		.25, 00
15 Juin.	Fourni 2 flacons rhum à 3 fr.,50........	...7,	
	Id. 1 kirsch......................	...4, 50	
	Id. 1 curaçao	...5, 00	
	Id. 1 anisette	...5, 00	
	Emballage.........................	..2.	
25 Juin....	Reçu à compte....................		.25, 50

Le maître expliquera les expressions, *doit*, *avoir*, qui se trouvent en tête des deux colonnes de chiffres ; puis il dira à l'élève de compléter le mémoire, en faisant l'addition des fournitures ou des à-compte et en écrivant ce qui reste dû.

Le maître exercera de même l'élève sur un certain nombre de comptes qu'il lui dictera : comptes de boulanger, de mercier, de libraire, de domestique loué à l'année, d'ouvrier payé à la journée, etc.

JOURNAL DE CAISSE.

Juin.		ENTRÉE.	SORTIE.
1	En caisse au 1er juin............	..250, 75	
5	Prix de 10 hectol. de blé vendus à Paul 17 fr. l'un.................................	..170,00	
7	Payé à Paul deux mois de gage............		...60, 50
12	6 kilogr. de beurre vendus 2 fr.,50 l'un........	...15, 00	
17	Soldé le mémoire de l'épicier.............		...25, 55
21	Payé le boucher......................		...12, 40
25	Vendu 8 douzaines d'œufs à 0,60 l'une........	....4, 80	
28	Contributions.......................		...75, 00
	Total.............	..440, 55..	..173, 25
	Reste en caisse au 30 juin....		..267, 30
	Balance.........	..440, 55..	..440, 55

Le maître montrera à l'élève le mécanisme d'un journal de caisse. Il expliquera les mots *entrée, sortie, balance.* L'élève additionnera les deux colonnes entrée et sortie ; puis il soustraira du total de l'entrée le total de la sortie, et il écrira à la colonne de la sortie ce qui reste en caisse à la fin du mois. Ce reste joint au total de la sortie doit faire balance avec le total de l'entrée.

Le maître multipliera ce genre d'exercices par des devoirs dictés, dont les formules et les nombres varieront ; il fera remarquer que tout homme d'ordre doit établir la balance de sa caisse au moins une fois par mois et que, dans le commerce, cette même balance doit se faire tous les jours.

CHAPITRE VII.

Multiplication.

52. — La *multiplication* est une opération par laquelle, deux nombres étant donnés, l'un que l'on multiplie, l'autre par lequel on multiplie, on en compose un troisième qui est à l'égard du premier ce que le deuxième est à l'égard de l'unité ; c'est-à-dire que, si le deuxième égale 3 fois, 4 fois, 100 fois, etc., l'unité, le nombre cherché égalera 3 fois, 4 fois, 100 fois, etc., le premier, et que, si le deuxième n'égale que la troisième, la quatrième, la centième partie de l'unité, le nombre cherché n'égalera que la troisième, la quatrième, la centième, etc. partie du premier. On définit encore la multiplication, une opération par laquelle on répète un nombre appelé *multiplicande* autant de fois qu'il y a d'unités ou de parties d'unité dans un autre nombre appelé *multiplicateur.*

53. — On appelle *multiplicande* le nombre que l'on multiplie ; *multiplicateur* celui par lequel on multiplie ; le nombre cherché ou résultat se nomme *produit.* Le multiplicateur et le multiplicande se nomment aussi *facteurs* du produit. Le signe de la multiplication est $\times$.

Ex. $2 \times 3 = 6$. Ici 2 est *multiplicande ;* 3 est *multiplicateur ;* 6 est *produit ;* 2 et 3 sont *facteurs* du produit 6.

54. — Pour multiplier facilement, il faut apprendre par cœur la *table,* dite *de multiplication* ou *de Pythagore* qui en est l'inventeur ; dans cette table se trouve indiqué le produit de la multiplication de deux nombres composés chacun d'un seul chiffre.

MULTIPLICANDES.

1	2	3	4	5	6	7	8	9
2	4	6	8	10	12	14	16	18
3	6	9	12	15	18	21	24	27
4	8	12	16	20	24	28	32	36
5	10	15	20	25	30	35	40	45
6	12	18	24	30	36	42	48	54
7	14	21	28	35	42	49	56	63
8	16	24	32	40	48	56	64	72
9	18	27	36	45	54	63	72	81

MULTIPLICATEURS. — PRODUITS.

PRODUITS.

On suppose dans cette table que le *multiplicateur* est un des chiffres de la 1re colonne verticale, à partir de la gauche, et que le *multiplicande* est un des chiffres de la 1re tranche horizontale ou transversale à partir du haut du tableau. Quant au *produit*, on le trouve là où se croisent les deux tranches qui ont leur point de départ, l'une au chiffre du multiplicateur, l'autre au chiffre du multiplicande, la première se dirigeant en travers du tableau, la seconde allant de haut en bas.

Ex. Multipliez 4 par 3 ; vous suivez, en pénétrant dans le tableau, les deux tranches qui partent, l'une du chiffre 3 de la colonne des multiplicateurs, l'autre du chiffre 4 de la tranche des multiplicandes. Le chiffre 12 écrit à l'endroit où ces tranches se croisent, indique le produit.

On voit que, autant il se trouve d'unités dans le produit, autant il se trouve de divisions carrées dans la surface que comprennent les tranches à la rencontre desquelles est le nombre du produit.

Exercices. — L'élève étudiera la table de multiplication, jusqu'à ce qu'il réponde sans hésiter, quel est le produit de tel ou tel des neuf premiers nombres multiplié par tel autre de ces mêmes nombres.

55. — De l'aspect général de la table de multiplication, on conclut que le produit reste le même, quel que soit celui des deux facteurs que l'on considère comme multiplicateur ou comme multiplicande.

$$\text{Ex.} \quad \left.\begin{array}{l} 2 \times 3 = \\ 3 \times 2 = \end{array}\right\} 6$$

En effet, dans 2×3, le nombre 2 étant multiplicande et le nombre 3 multiplicateur, nous avons sur le tableau trois tranches transversales de deux compartiments chacune, en tout 6 compartiments.

Dans 3×2, le nombre 2 devenant multiplicateur et le nombre 3 multiplicande, nous trouvons encore trois tranches de deux compartiments chacune, en tout six compartiments, comme la première fois. La seule différence, c'est que, dans le second cas, les tranches de deux compartiments se dirigent de bas en haut, tandis que, dans le premier cas, elles se dirigent transversalement.

On peut donc, dans toute multiplication, sans que le produit change, prendre l'un ou l'autre des facteurs, soit comme multiplicateur, soit comme multiplicande.

De l'examen de la table de multiplication, on conclut encore que multiplier un nombre par le produit de deux ou de plusieurs facteurs qui ont été multipliés entre eux, revient au même résultat que de multiplier ledit nombre d'abord par un de ces facteurs, puis le produit de cette première multiplication par un autre desdits facteurs, et toujours ainsi.

Ex. 2 et 4 sont facteurs de 8 ; car $2 \times 4 = 8$.

Examinez maintenant sur la table le produit de la multiplication d'un autre nombre, 3 par exemple,

1° par 2, puis par 4 ;

2° par 8, produit de ces facteurs 2 et 4 multipliés entre eux.

1re *opération*. 3 multiplié par 2 (qui est un des facteurs de 8) conduit sur la table au produit 6 ; et ce nombre 6 multiplié à son tour par 4 (qui est l'autre facteur de 8) conduit sur la table au nombre 24.

2me *opération*. 3 multiplié par 8, qui est le produit des facteurs 2 et 4 multipliés entre eux, conduit de même sur la table au nombre 24.

La table de multiplication fait apercevoir en troisième lieu que, si on rend le multiplicateur ou le multiplicande un certain nombre de fois plus grand ou plus petit, le produit se trouve, par ce changement, le même nombre de fois plus grand ou plus petit.

56. — Multiplier un nombre par 10, par 100, par 1 000, par 10 000, c'est rendre ce nombre 10 fois, 100 fois, 1 000 fois, 10 000 fois plus grand. D'après les principes de la numération, il suffit donc de déplacer la virgule vers la droite, 1° d'un rang dans la multiplication par 10 ; 2° de deux rangs dans la multiplication par 100 ; 3° de trois rangs dans la multiplication par 1 000, et ainsi de suite.

Lorsque le nombre est entier, il suffit, pour opérer ce déplacement, d'ajouter à droite du nombre un, deux, trois zéros, et ainsi de suite.

$$
\begin{aligned}
\text{Exemple} : \quad 3\ 071 &\times 10 = 30\ 710 \\
57 &\times 100 = 5\ 700 \\
4\ 309 &\times 1\ 000 = 4\ 309\ 000 \\
2\ 267 &\times 10\ 000 = 22\ 670\ 000
\end{aligned}
$$

57. — Pour multiplier entre eux deux nombres entiers composés de plusieurs chiffres quelconques, on écrit le multiplicande et au-dessous le multiplicateur, de manière que les unités de même ordre se correspondent. On souligne par un trait ; puis, on multiplie tous les chiffres du multiplicande, à partir du premier chiffre à droite, d'abord par le chiffre des unités simples du multiplicateur, et ensuite successivement par le chiffre des dizaines, par celui des centaines, par celui des mille, c'est-à-dire par le chiffre des unités de chaque ordre du multiplicateur ; à chaque produit partiel que l'on forme ainsi, on écrit le premier chiffre de droite dans la colonne correspondante à celle du chiffre par lequel on multiplie. Enfin, on additionne cet ensemble de produits partiels. La somme forme le produit total.

Ex. Multipliez 224 par 238.

```
      224
      238
     ----
   1  792
   6  72
  44  8
     ----
  53  312
```

Puisque le multiplicateur 238 contient l'unité 238 fois, le produit doit contenir 238 fois le multiplicande 224. Pour composer ce produit, il faut répéter 224, d'abord 8 fois, puis 30 fois, puis 200 fois; car l'unité est 8 fois, 30 fois, 200 fois dans 238. Répéter 8 fois 224, c'est multiplier par huit unités simples, 2 dizaines, 2 centaines; car 224 se compose de 4 unités simples, de 2 dizaines, de 2 centaines.

8 fois 4 unités simples fait 32 unités simples; j'écris 2 à la colonne des unités simples et je retiens dans l'esprit 30 unités simples ou 3 dizaines à reporter à la colonne des dizaines.

8 fois 2 dizaines fait 16 dizaines; ajouté les 3 dizaines précédemment retenues, je trouve en tout 19 dizaines; j'écris 9 à la colonne des dizaines et je retiens 10 dizaines, c'est-à-dire 1 centaine à reporter à la colonne des centaines.

8 fois 2 centaines fait 16 centaines; ajoutant 1 centaine précédemment retenue, j'ai 17 centaines, c'est-à-dire 7 centaines et 1 mille; j'écris ces nombres. Voilà mon premier produit partiel, savoir : 224 répété 8 fois ou multiplié par 8.

Il s'agit ensuite de répéter 30 fois 224, c'est-à-dire de multiplier 224 par 30; mais comme 30 est le produit des deux facteurs 3 et 10 (3 fois 10 font 30), on peut tout aussi bien (§ 55) multiplier d'abord 224 par 3, l'un des deux facteurs de 30, ce qui donne 672; puis, ce nombre 672 par 10, l'autre facteur de 30. Cette multiplication par 10 se fait simplement, comme la règle le prescrit, en mettant les unités simples du produit à la colonne des dizaines, colonne à laquelle appartient justement, dans le multiplicateur, le nombre 3 par qui est opérée la multiplication partielle. Les dizaines du produit se mettent au rang des centaines; les centaines au rang des mille, et ainsi de suite.

Pour terminer, on multiplie de la même manière 224 par 200, décomposé en ses facteurs 2 et 100. 224 × 2 donne 448. Quant à la multiplication de 448 par 100, on la fait en écrivant les unités simples au rang des centaines, rang auquel appartient justement, dans le multiplicateur, le nombre 2 par lequel s'opère cette multiplication partielle. Les trois produits partiels additionnés donnent 53 312, produit total cherché.

58. — S'il se trouve des *zéros* au multiplicande, on les écrit à chaque produit partiel, à moins qu'il n'y ait lieu de placer au rang correspondant à ces *zéros* un chiffre provenant d'une retenue.

$$
\begin{array}{r}
\text{EXEMPLE :} \quad 20\ 108 \\
2 \\
\hline
40\ 216
\end{array}
$$

S'il se trouve des *zéros* au multiplicateur, on en tient compte pour placer chaque produit partiel au rang qu'il doit occuper.

$$
\begin{array}{r}
\text{EXEMPLE :} \quad 241 \\
304 \\
\hline
964 \\
0 \\
72\ 3 \\
\hline
73\ 264
\end{array}
$$

De ce qui précède, on peut conclure la règle générale suivante :

Premier cas. — *Multiplication d'un nombre de plusieurs chiffres par un nombre d'un seul.*

En général, pour multiplier un nombre de plusieurs chiffres par un nombre d'un seul, on multiplie successivement, à partir de la droite, chaque chiffre du multiplicande par le chiffre unique du multiplicateur ; on écrit les unités de chaque produit partiel sous les chiffres correspondants du multiplicande, et on reporte les dizaines au produit suivant.

Deuxième cas. — *Multiplication de deux nombres de plusieurs chiffres.*

En général, pour multiplier deux nombres de plusieurs chiffres l'un par l'autre, on multiplie successivement le multiplicande par chaque chiffre du multiplicateur, en commençant par la droite, et on place le premier chiffre de chaque produit partiel au-dessous du chiffre qui a servi de multiplicateur ; on fait ensuite la somme des produits partiels.

Si l'on avait à multiplier des nombres terminés par des zéros, on ferait le produit de ces nombres, abstraction faite des zéros, et on écrirait à la droite du résultat autant de zéros qu'il s'en trouverait à la suite du multiplicande et du multiplicateur.

PRINCIPE.

Le produit de plusieurs nombres entiers ne change pas lorsqu'on intervertit l'ordre des facteurs.

PRINCIPE.

Pour multiplier un nombre par le produit de plusieurs facteurs, il suffit de le multiplier successivement par les facteurs de ce produit.

Exercices. — Le maitre fera multiplier : 1° des nombres entiers composés de deux chiffres par d'autres nombres entiers composés d'un seul chiffre ; 2° des nombres entiers de deux chiffres par d'autres nombres entiers de deux chiffres ; 3° des nombres entiers de plusieurs chiffres par d'autres nombres entiers de plusieurs chiffres.

Dans ces exercices, chaque opération sera faite deux fois, de telle sorte que chaque nombre soit successivement multiplicateur et multiplicande. La seconde multiplication se trouvera ainsi la preuve de la première.

59. — Lorsque l'un des deux facteurs ou tous les deux se composent en totalité ou en partie de *fractions décimales*, on multiplie les deux nombres l'un par l'autre, comme si ces nombres étaient entiers et ne présentaient pas de fractions ; puis, une fois le produit obtenu, on sépare à droite par la virgule autant de chiffres décimaux qu'il s'en trouve dans les deux facteurs réunis.

Ex. Multiplier 1,25 par 2,46, c'est chercher un nombre qui soit au multiplicande 1 unité, 25 centièmes, en d'autres termes à 125 centièmes d'unité ce que le multiplicateur 2 unités, 46 centièmes, en d'autres termes 246 centièmes d'unité, est à l'unité entière. Or, 246 centièmes d'unité se composent de 246 fois la centième partie de l'unité ; il faut donc répéter 246 fois la centième partie de 125 centièmes d'unité.

Supposez maintenant la multiplication opérée comme s'il n'y avait pas de fractions.

125
246
___
750
5 00
___
25 0
___
30 750

On a répété 246 fois 125 unités.

Mais ce n'était pas 125 unités qu'il fallait répéter 246 fois ; c'était la centième partie de 125 centièmes d'unité.

Or, la centième partie d'un centième d'unité ou 0,01 de 0,01 est un dix millième d'unité ou 0,0001 ; donc le produit de la multiplication est dix mille fois trop grand. Pour le rendre juste, c'est-à-dire dix mille fois plus petit, il suffit d'en séparer à droite par la virgule 4 colonnes de chiffres décimaux, c'est-à-dire, ainsi que nous venons de le poser en règle. autant de chiffres qu'il s'en trouve dans les deux facteurs réunis 1,25 et 2,46. Le produit se trouve alors 3,0750.

Si l'un des deux facteurs ou tous deux se composent de fractions décimales représentées par des chiffres significatifs (1) précédés d'un ou plusieurs *zéros* placés à la droite de la virgule, on tient compte de ces zéros pour placer dans le produit la virgule à l'endroit où elle doit être.

EXEMPLE :   0,0012
                             0,02
                          ____
                          0,000024

Exercices. — Le maître fera multiplier des nombres avec fractions décimales par d'autres nombres avec fractions décimales.

60. — Pour s'assurer qu'une multiplication est exacte, on la recommence en mettant le multiplicande à la place du multiplicateur et le multiplicateur à celle du multiplicande.

Les produits doivent être les mêmes (voyez § 55).

EXEMPLE :   4 015   1 216
                 1 216   4 015
               ________   ________
                24 090   6 080
                40 15   12 16
               803 0   0
             4 015   4 864
           __________   __________
           4 882 240   4 882 240

(1) On appelle *chiffres significatifs* les neuf premiers chiffres. Le zéro seul n'est pas un chiffre significatif.

Questionnaire. — 52. Qu'est-ce que la multiplication ? — 53. Qu'appelle-t-on *multiplicande, multiplicateur, produit, facteurs du produit?* — 54. Que faut-il faire pour multiplier facilement? — 55. Quelle conclusion tirez-vous de l'aspect général d'une table de multiplication? — 56. Comment multiplie-t-on un nombre par 10, par 100, par 1 000, par 10 000? — 57. Comment multiplie-t-on entre eux deux nombres entiers composés de plusieurs chiffres quelconques? — 58. Que fait-on lorsqu'il se trouve des 0 à l'un des facteurs? — 59. Si l'un des deux facteurs ou tous deux se composent en totalité ou en partie de fractions décimales, comment se fait la multiplication? — 60. Comment s'assure-t-on facilement qu'une multiplication est exacte?

Problèmes agricoles sur la multiplication.

TABLEAU 19. — Arbres de grande culture. Produit ordinaire en bonnes conditions.

	ÂGE de l'arbre	ESPACEMENT des arbres entre eux	NOMBRE d'arbres par hectare	NATURE du produit	PRODUIT par arbre	PRIX ordinaire du kilogramme
	ans.	mètres			kilogr.	francs
Pommier à cidre, Normandie	20	11	82	Fruits frais rendant 1/5 de cidre	110	0,66
Poirier pour poiré, Normandie	20	11	82	id	110	0,06
Noyer en Auvergne	40	20	25	noix sèches	191	0,17
Châtaignier en Limousin	50	15	40	châtaignes fraiches	55	0,05
Prunier à Agen	8	6	278	fruits secs	8,52	0,10
Cerisier en Lorraine	8	6	278	cerises fraiches	40	0,10
Olivier en Provence	40	5	400	olives rendant 1/8 d'huile	59	0,08
Figuier en Provence	15	6	278	Figues sèches	11	0,80
Amandier à coque dure en Provence	15	10	100	amandes sèches	6	1
Jujubier	20	5	400	fruits secs	6	1
Mûrier	6	7	204	feuilles fraiches	25	0,07
»	9			»	48	
»	14			»	77,7	
»	18			»	64,3	
»	22			»	100	
Caprier	2	2	2 00	capres	1	1,15
Osier rouge	1	0.50	111111	osier non pelé	0,018	0,06
»	2			»	0,054	0,08
»	3			»	0,081	0,08

1. — Combien peut-on planter de pommiers à cidre sur 2 hectares?

Solution. Puisque 1 hectare peut recevoir 82 pommiers à cidre, sur 2 hectares il y en a 2 fois 82. $82 \times 2 = 164$.

2 — Combien y a-t-il :

1°	de poiriers	sur	5 hect.	7°	de figuiers	sur	12 hect.
2°	de noyers	»	8 »	8°	d'amandiers.	»	27 »
3°	de châtaigniers	»	9 »	9°	de jujubiers	»	51 »
4°	de pruniers	»	7 »	10°	de mûriers	»	125 »
5°	de cerisiers	»	4 »	11°	de câpriers	»	406 »
6°	d'oliviers	»	3 »	12°	de pieds d'osier	»	541 »

3. — Combien récolte-t-on de kilogrammes de fruits frais sur 4 hectares, 57 ares de pommiers à cidre ?

Solution. Puisque 1 pommier donne 110 kilogrammes de fruits et puisque 1 hectare porte 82 pommiers, 1 hectare produit en totalité 82 fois 110 kilogrammes de fruits. $110 \times 82 = 9\,020$.

Puisque 1 hectare produit en totalité 9 020 kilogrammes de fruits, 4 hectares, 57 ares produisent $9\,020 \times 4,57 = 41\,221$ kilog., 40.

4. — Combien de kilogrammes de fruits récolte-t-on sur :

1°	2 hect.,30 ar. de poiriers.	5°	15 hect., 97 ar. de cerisiers.
2°	3 » 75 » de noyers.	6°	9 » 29 » d'oliviers.
3°	7 » 47 » de châtaigniers.	7°	57 » 52 » de figuiers.
4°	11. » 05 » de pruniers.	8°	33 » 05 » d'amandiers.

5. — Combien de kilogrammes de feuilles récolte-t-on sur :

1°	8	hectares,	00	ares	14	centiares de mûriers de	6 ans.
2°	2	»	00	»	56	» »	9 »
3°	4	»	00	»	05	» »	14 »
4°	7	»	00	»	27	» »	18 »
5°	14	»	40	»	09	» »	22 »

6. — Combien de kilogrammes d'osier non pelé récolte-t-on sur :

1°	3	hectares,	00	ares	00	centiares d'osier rouge de	1 an.
2°	2	»	47	»	00	» »	2 »
3°	3	»	00	»	85	» »	3 »

7. — Quel est le produit en argent de 2 hectares de pommiers à cidre ?

Solution. Puisque 1 hectare porte 82 pommiers, 2 hectares en portent 2 fois 82 ou $82 \times 2 = 164$ pommiers.

Puisque 1 pommier produit 110 kilogrammes de fruit, 164 pommiers en produisent 164 fois 110 kilogrammes ou $110 \times 164 = 18\,040$ kilog.

Puisque 1 kilog. de fruits se vend 0 fr.,06, une masse égale à 18 040 kilog. vaudra :

$$0 \text{ fr.}, 06 \times 18\,040 = 1\,082 \text{ fr.}, 40.$$

8. — Quel est le produit en argent :

1° de 3 hect. de poiriers.	4°	7 hect. de pruniers.
2° 5 » noyers.	5°	13 » figuiers.
3° 4 » châtaigniers.	6°	37 » jujubiers.

9. — Quel est, en feuilles, le produit de 50 ares de mûriers de l'âge de 6 ans ?

Solution. Puisque 1 hectare porte 204 mûriers, 50 ares ou les 50 centièmes de 1 hectare portent les 50 centièmes de 204 ou $204 \times 0,50 = 102$ mûriers.

Puisque 1 mûrier de 6 ans produit 25 kilog. de feuilles, 102 mûriers en produisent 102 fois 25 kilog. ou

$$25 \times 102 = 2\,550 \text{ kilog.}$$

10. — Quel est en argent le produit de :

1°	1 hectare,	25	ares de mûriers de	9 ans.
2°	4 »	02	»	»	14 »
3°	0 »	45	»	»	18 »
4°	2 »	50	»	»	22 »
5°	12 »	27	» de câpriers de	2 »

11. — Quelle différence y a-t-il entre le produit en argent :

1° de 1 hectare d'osier de un an et celui de 1 hectare d'osier de deux ans;

2° entre celui de 1 hectare d'osier de deux ans et celui de 1 hectare d'osier de trois ans ?

TABLEAU 20. — Vignes.

LOCALITÉS.	ESPACEMENT des ceps.	NOMBRE de ceps par hectare.	VIN OBTENU PAR HECTARE.	
			QUANTITÉ faible.	QUANTITÉ forte.
	mètres.		hectolitres.	hectolitres.
Hérault	1,75	5 275	80	500
Vaucluse	2	2 500	40	150
Médoc	1,20	6 944	20	80
Beaujolais	0,80	15 625	25	100
Côte-d'Or	0,66	25 355	22	84
Orléanais	0 66	id	15	60
Champagne	0,65	id	18	75
Lorraine	0,50	40 000	10	40

12. — Un propriétaire possède en divers pays des vignes de l'étendue suivante :

Hérault.....	1	hect.	, 10 ar.	Côte-d'Or... .	»	75 ar.	
Vaucluse.... .	»	50	»	Orléanais... .	»	25	»
Médoc......	2	»	04	»	Champagne.. .	»	70	»
Beaujolais... .	»	80	»	Lorraine....	1	hect. , 24	»

Quelle différence y a-t-il entre le produit de ses vignes, année faible et année forte ?

13. — Combien a-t-il de ceps de vigne en totalité :

TABLEAU 21. — Semences et semailles.

CÉRÉALES ET LÉGUMES SECS.	NOMBRE de grains que 1 litre contient ordinairement.	SEMIS EN LIGNES.		NOMBRE de litres par hectare.	SEMIS A LA VOLÉE. Nombre de litres par hectare.
		ESPACEMENT des pieds dans chaque ligne. (mètres)	ESPACEMENT des lignes entre elles. (mètres)		
Blé richelle blanche.............	12 000.	0, 12	0, 20	225..	...520
Blé blanc de Flandre.............	20 000.	0, 12	0, 20	150..	...200
Blé seizette rouge..............	58 000	0, 12	0, 20	85..	...140
Épeautre......................	10 000.	0, 12	0, 20	500	...400
Seigle	30 000.	0, 12	0, 20	140.	...180
Orge d'hiver..................	12 000.	0, 12	0, 20	150..	...200
Orge de printemps..............	10 000.	0, 12	0, 20	165.	...220
Avoine d'hiver.................	10 000.	0, 12	0, 20	165..	...220
Avoine de printemps.............	10 000	0, 12	0, 20	180..	...240
Maïs quarantain.................	5 000	0, 50.	0, 50.	60	
Maïs gros jaune.................	1 500.	0, 45	0, 75.	90	
Millet.......................	180 000.	0, 20.	0, 35.	15	
Sarrasin	25 000.				...60
Féverole	1 600.	0, 40.	0, 60.	100..	...200
Pois (grosse variété)............	15 000.	0, 20.	0, 40	100..	...150
Pois chiche...................	5 000	0, 25.	0, 40.	150	
Lentille (grande variété)........	15 000.	0. 15	0, 50.	120	...160
Haricot (de Soissons)............	2 000.	0, 55.	0. 75.	84..	
Gesse......................	20 000.				...100

14. — Quelle quantité de semence économisera-t-on sur 2 hectares, en prenant du blé blanc de Flandre pour un semis en lignes, plutôt que du blé richelle blanche?

15. — Quelle quantité de semence économisera-t-on en semant en lignes plutôt qu'à la volée :

1° du blé de Flandre sur 35 hectares, 45 ares
2° du seigle............. 12   »   15   »
3° de l'orge de printemps 7   »   41   »
4° de l'avoine d'hiver... 29   »   01   »

16. — Dans un semis à la volée de blé richelle blanche, quel nombre de grains par hectare met-on de moins que si l'on sème à la volée du blé seizette rouge?

17. — J'ai récolté 3 hectares de blé richelle blanche, et chaque hectare a rendu 18 hectolitres. Je dois semer à la volée 26 hectares; combien me manque-t-il de semence?

18. — Combien faut-il de semence de chaque espèce de grain pour semer en lignes?

1° 2 hect., 29 ares de maïs gros jaune; 5° 1 hect., 09 ares pois (grosse variété)
2° 7 »   05 »   de maïs quarantain; 6° 0 » 87 » pois chiche.
3° 0 »   50 »   de millet.   7° 0 » 16 » grande lentille.
4° 5 »   60 »   de féverole.   8° 0 » 39 » haricot de Soissons

Problèmes divers sur la multiplication.

1. — Le maître fera compléter par l'élève le compte suivant :

Fourni 15 bouteilles à 0 fr., 22 c.
  »   2 tasses   à 0 » 05
  »   5 assiettes   à 0 » 50
  »   5 carafes   à 0 » 75
  »   12 verres   à 0 » 25

Le maître exercera l'élève sur plusieurs comptes semblables se rapportant aux choses ménagères.

2. — Un ouvrier économise 4 fr. par semaine : quelles sont ses économies d'un an ?

3. — On obtient l'encre ordinaire en faisant bouillir pendant un quart d'heure dans 16 litres d'eau 0 kilog., 500 de sulfate de fer, 0 kilog., 500 de gomme arabique et 1 kilog. de noix de galle : quelle est la valeur de 16 litres d'encre, si le sulfate de fer vaut 0 fr., 50 le kilogramme, la gomme arabique 4 fr., 25, et la noix de galle 4 fr. ?

4. — Quel est le montant de 27 journées de travail à 5 fr., 50 la journée ?

5. — On achète 100 kilog. de 2 espèces de marchandises pour 250 fr.; on en vend 38 kilog. à 2 fr., 90 le kilog. et le reste à 2 fr., 40 : quel est le bénéfice ?

6. — Quel est le prix de 25 mèt. de drap à 18 fr., 50 le mètre?

7. — Un chef d'atelier occupe 15 ouvriers qu'il paye chacun 5 fr., 50 par jour : quelle est la dépense par jour, par semaine et par mois ?

8. — On sait que, pour avoir l'espace parcouru par un corps qui tombe, il faut, après avoir multiplié par lui-même le nombre de secondes que dure la chute, multiplier le produit par 4,9. Cela posé, quelle est la hauteur d'un édifice du haut duquel on a laissé tomber une pierre, dont la chute a duré 4 secondes et demie ?

9. — Que gagne-t-on en vendant à 3 fr., 05 le kilog. 125 kilog. de marchandises qui ont coûté 350 fr.?

10. — Combien coûtent 2 345 quintaux, 50 de chaux hydraulique à 1 fr., 75 le quintal ? (Le quintal équivaut à 100 kilog.)

11. — Pour mettre à l'abri de l'humidité un mur de 55 mèt. carrés, 75, on a employé l'enduit hydrofuge de M. Darcet : quelle est la dépense totale à raison de 2 fr., 75 le mètre carré ?

12. — La distance de la terre au soleil est égale à 23 984 fois le rayon de la

terre, rayon qui lui-même est égal à 6566 kilomètres : quelle est la distance de la terre au soleil ?

13. — Pour drainer un champ humide, un propriétaire a acheté 2340 tuyaux qui lui ont coûté 17 fr.,50 le mille : quelle est la dépense totale ?

14 — Un ouvrier qui a l'habitude de fumer, consomme 0 fr., 15 de tabac par jour : quelle somme aura-t-il dépensée inutilement en dix ans ?

15. — Une personne qui avait contracté la funeste habitude de prendre tous les jours 3 petits verres d'eau-de-vie à 0 fr., 10 c. l'un, n'en prend plus depuis 10 ans. La santé et le bien-être de cette personne y ont gagné : en outre, de quelle somme a-t-elle accru ses économies ?

CHAPITRE VIII.

Division.

61. — La *division* est une opération par laquelle deux nombres étant connus, l'un appelé *dividende*, l'autre *diviseur*, on en cherche un troisième appelé *quotient*, qui, multiplié par le diviseur, reproduit le dividende. En d'autres termes, c'est une opération par laquelle, connaissant le produit de deux facteurs et l'un de ces facteurs, on découvre l'autre facteur.

Ex. diviser 24 par 8, c'est chercher un nombre, *facteur inconnu*, qui, multiplié par 8, *facteur connu*, produise 24. Ici le *dividende* ou nombre à diviser est 24; le *diviseur* ou nombre qui divise est 8.

Par rapport à son résultat, la division peut être envisagée sous un double point de vue :

1° — On peut dire qu'*elle a pour but de partager un nombre donné (que, pour cette raison, on appelle dividende), en autant de parties égales qu'il y a d'unités dans un autre nombre donné, appelé diviseur.*

2° — On peut dire aussi que *la division a pour but de chercher combien de fois le diviseur est contenu dans le dividende*, et c'est là l'origine du mot *quotient*.

62. — Le quotient peut être *plus petit* ou *plus grand* que le dividende.

1° Il est *plus petit* que le dividende lorsque le diviseur est un nombre entier.

Ex. Si l'on a 12 à diviser par le nombre entier 4, l'opération revient à prendre le quart du dividende 12. Or, ce quotient, le quart de 12, est évidemment moindre que 12.

2° Le quotient est *plus grand* que le dividende lorsque le diviseur est une fraction.

Ex. Si l'on a 12 à diviser par 2 quarts, le but de l'opération est celui-ci : trouver comme quotient un nombre qui, multiplié par 2 quarts, ou en d'autres termes dont le quart multiplié par 2, c.-à-d. dont les 2 quarts soient 12. Mais un nombre dont les 2 quarts égalent 12, est évidemment plus grand que 12.

Le signe de la division (voir § 42) est un trait horizontal ou oblique placé entre deux nombres. En dessus du trait se trouve le dividende; en dessous est le diviseur.

Ex. $\dfrac{4 \ \textit{dividende,}}{9 \ \textit{diviseur.}}$ ou bien : *dividende* 4/3 *diviseur.*

63. — Pour apprendre à diviser, il faut étudier la table de multiplication disposée en table de division de la manière suivante :

DIVISEURS (FACTEUR CONNU).

1	2	3	4	5	6	7	8	9
2	4	6	8	10	12	14	16	18
3	6	9	12	15	18	21	24	27
4	8	12	16	20	24	28	32	36
5	10	15	20	25	30	35	40	45
6	12	18	24	30	36	42	48	54
7	14	21	28	35	42	49	56	63
8	16	24	32	40	48	56	64	72
9	18	27	36	45	54	63	72	81

QUOTIENTS (FACTEUR INCONNU.) — DIVIDENDES.

DIVIDENDES.

Prenant chaque colonne verticale de ladite table à partir de la seconde à gauche, on examine combien de fois le premier nombre en haut de cette colonne, nombre que l'on considère comme *diviseur*, se trouve dans chacun des nombres de la même colonne, ces nombres étant considérés comme *dividendes*. Le *quotient* est indiqué par la première colonne à gauche et se trouve en regard de chaque dividende.

Ex. En 32 combien de fois 4? Réponse : 8 fois.

Exercices. — Le maître habituera l'élève à répondre sans regarder la première colonne à gauche.

64. — Pour diviser l'un par l'autre deux nombres entiers quelconques, on écrit le diviseur à droite du dividende ; on les sépare par un trait vertical et on souligne le diviseur, en dessous duquel on écrira les chiffres du quotient à mesure qu'ils seront trouvés. Ces chiffres du quotient, on les découvre par plusieurs divisions partielles, que l'on fait de la manière suivante :

A la gauche du dividende, on prend autant de chiffres qu'il en faut pour contenir le diviseur, *au moins une fois et neuf fois au plus*. Ce nombre de chiffres est considéré comme premier dividende partiel. On le sépare des autres chiffres du dividende par un point à droite. On cherche ensuite combien de fois le diviseur se trouve dans ce dividende partiel, et l'on écrit au quotient le chiffre 9 ou inférieur à 9, qui marque ce nombre de fois. On multiplie le diviseur par ce chiffre; on écrit le produit de la multiplication sous le dividende partiel, et on soustrait ce produit du premier dividende partiel, ce qui donne un premier reste. A la droite de ce reste, on abaisse le chiffre suivant du dividende général, ce qui forme un second dividende partiel. On opère sur ce nouveau dividende partiel comme sur le premier, et l'on continue de même jusqu'à ce que tous les chiffres du dividende aient été abaissés.

1er CAS, DIVISEUR COMPOSÉ D'UN SEUL CHIFFRE.

	dividende	diviseur.
1er *dividende partiel*..	17.255	5
	15	3451
2me *dividende partiel*..	02 2	*quotient.*
	2 0	
3me *dividende partiel*..	0 25	
	25	
4me *dividende partiel*..	005	
	5	
	0	

Je prends à la gauche du dividende un nombre de chiffres suffisant pour contenir au moins une fois le diviseur 5. Ce nombre, qui est 17, constitue mon premier dividende partiel. Je dis : en 17 combien de fois 5? 5 y est 3 fois. J'écris 3 au quotient, et multipliant 5 par 3, j'écris le produit 15 au-dessous du premier dividende partiel 17; puis, je soustrais 15 de 17 ; reste 2 que j'écris ; j'abaisse auprès de ce 2 le chiffre suivant 2 du dividende ; je forme ainsi le second dividende partiel 22. Je dis alors : en 22 combien de fois 5? Il y est 4 fois. J'écris 4 au quotient, et multipliant 5 par 4, je trouve pour produit 20, que j'écris sous le second dividende partiel 22. Je soustrais 20 de 22 ; reste 2 que j'écris. J'abaisse 5, chiffre suivant du dividende ; ce qui forme le troisième dividende partiel 25. Je dis : en 25 combien de fois 5? Il y est 5 fois. J'écris 5 au quotient et je multiplie par ce chiffre 5 le diviseur 5. 5 fois 5 font 25, que j'écris sous le troisième dividende partiel. Je soustrais ce produit 25 du troisième dividende partiel 25. Comme il ne reste rien, je forme un quatrième dividende partiel, en abaissant 5, dernier chiffre du dividende. Je dis : en 5 combien de fois 5 ? Il y est une fois. J'écris 1 au quotient, et multipliant 5 par 1, je trouve pour produit 5, que j'écris sous le quatrième dividende partiel 5. Je soustrais 5 de 5 ; reste 0. Le quotient est trouvé ; en effet, ce quotient 3 451 multiplié par le diviseur 5 reproduit le dividende 17 255.

Remarquez que, dans l'opération précédente, le dividende s'est trouvé partagé en quatre nombres, dont chacun a été exactement divisé par 5, savoir :

15 mille qui, divisé par 5, a donné	3 mille.
20 centaines......»...........	4 centaines.
25 dizaines......»...........	5 dizaines.
5 unités......»...........	1 unité.
17255 Dividende total.	3451 Quotient total.

AUTRE EXEMPLE :

```
1er dividende partiel..    24.67 | 6
                             24   | ----
                           ------ | 411
2me dividende partiel..     00 6  |
                               6
                           ------
3me dividende partiel..       07
                               6
                           ------
Reste.  .  .  .                1
```

Remarquez ici que, le diviseur 6 étant soustrait du dernier dividende partiel 7, et le quotient entier 411 étant formé, il *reste* 1. Ce qui veut dire que le diviseur 1 est contenu 411 fois dans le dividende 2 467, et que ce nombre 2 467 contient en plus 1 unité. C'est ce qu'on nomme *reste de la division*.

Exercices. — Le maître fera diviser des nombres entiers composés de trois, quatre, cinq et six chiffres par des nombres entiers composés d'un seul chiffre. Après avoir obtenu le quotient, l'élève multipliera le diviseur par le quotient et il constatera que le produit de cette multiplication joint au reste de la division, s'il y en a un, est égal au dividende. Le maître vérifiera ainsi l'exactitude de chaque division.

65. — 2° CAS, DIVISEUR COMPOSÉ DE PLUSIEURS CHIFFRES.

```
1er dividende partiel...     1053.36 | 231
                              924     |------
                                      | 456
2me dividende partiel  ..      129 3 |
                               115 5 |
                              --------
3me dividende partiel....       13 86
                                13 86
                              --------
                                00 00
```

Je prends à gauche dans le dividende autant de chiffres qu'il faut pour contenir le diviseur 231 au moins une fois. Ce premier dividende partiel est 1 053. Je dis : En 1 053 combien de fois 231 ? Il y est 4 fois. J'écris 4 au quotient et je multiplie 231 par 4 ; ce qui donne 924, que j'écris sous le premier dividende partiel. Je soustrais 924 de ce dividende ; reste 129. J'abaisse 3, chiffre suivant du dividende, et je forme ainsi le second dividende partiel, qui se trouve 1 293. Je dis : en 1 293 combien de fois 231 ? Il y est 5 fois. J'écris 5 au quotient et je multiplie par ce chiffre 5 le diviseur 231, ce qui donne 1 155. Je soustrais 1 155 du second dividende partiel ; reste 138, à quoi j'ajoute 6, dernier chiffre du dividende ; ce qui forme le troisième dividende partiel 1 386. Je dis : en 1 386, combien de fois 231 ? Il y est 6 fois ; j'écris 6 au quotient ; puis, je multiplie 231 par 6, ce qui donne 1 386, chiffre égal au troisième et dernier dividende partiel. La division ne présente donc aucun reste, et le quotient 456 multiplié par le diviseur 231 doit, si l'opération est juste, donner un produit égal au dividende 105 336.

```
     456
     231
    ----
     456
  13 08
  91 2
  --------
 105 336
```

65. — On fait la preuve de la division en multipliant le quotient par le diviseur. Le produit de cette multiplication joint au reste de la division, s'il y en a un, doit être égal au dividende. C'est ce qu'on voit par l'exemple précédent. En effet, le dividende est le produit de deux facteurs, qui sont le diviseur et le quotient.

66. — Dans chaque division partielle, il faut observer les règles suivantes :

1° Le produit de la multiplication du diviseur par chaque chiffre du quotient devant être retranché du dividende partiel auquel il correspond, ce produit doit être plus petit que le dividende partiel, ou au plus lui être égal.

2° Après une division partielle, on ne doit jamais écrire au quotient un nombre supérieur à 9. Si le quotient d'une division partielle est plus grand que 9, c'est que le quotient de la division partielle précédente a été trop faible d'une ou plusieurs unités.

3° Lorsque, après avoir abaissé un chiffre du dividende général pour former un dividende partiel, on remarque que le diviseur n'est pas contenu dans le nombre ainsi composé, il faut abaisser un second chiffre du dividende, afin que le dividende partiel soit suffisant pour contenir le diviseur, et alors écrire immédiatement un zéro au quotient. Ce zéro occupe la place d'un ordre d'unité qui ne peut être représenté au quotient par un chiffre significatif.

S'il ne suffit pas de deux chiffres, on en abaisse 3, 4, suivant le besoin; mais alors il faut écrire au quotient autant de zéros qu'il a fallu abaisser de chiffres avant d'obtenir un dividende partiel qui contienne le diviseur. Retenez que, pour chaque chiffre abaissé du dividende à l'effet de former un dividende partiel, il faut écrire au quotient un chiffre exprimant le même ordre d'unité, soit un zéro, soit un chiffre significatif.

```
EXEMPLE :  1er dividende partiel. . .   503.14 | 250
                                        500    | -----
                                        ------ | 201
           2me dividende partiel. . .   003 14 |
                                          2 50
                                        ------
           Reste. . . . .                 64
```

On voit que, si, pour obtenir le second dividende partiel, on n'eût abaissé qu'un seul chiffre, ce second dividende aurait été 31, nombre inférieur au diviseur 250. C'est alors qu'il a fallu abaisser un second chiffre 4 et tout à la fois écrire un zéro au quotient.

Exercices. — Le maître fera diviser des nombres entiers composés de plusieurs chiffres par d'autres nombres entiers plus petits également composés de plusieurs chiffres. L'élève fera la preuve par la multiplication.

67. — Lorsque le dividende est plus petit que le diviseur, on réduit le dividende en dixièmes, centièmes, millièmes, etc., en ajoutant à sa droite autant de zéros qu'il en faut pour que le diviseur soit contenu dans le dividende; et l'on opère suivant la règle générale. Mais avant de commencer, comme il n'y aura que des fractions au quotient, on détermine l'ordre de ces fractions en écrivant au quotient autant de zéros que l'on en a ajouté au dividende, et en séparant des autres, par une virgule, le premier de ces zéros à gauche; les chiffres significatifs du quotient s'écrivent ensuite successivement à la droite de ces zéros.

Ex. Soit 9 à diviser par 423. Je réduis en centièmes le nombre 9, ce qui fait 900 centièmes. Comme j'ai ajouté deux zéros au dividende, j'en écris deux au quotient et je sépare le premier du second par la virgule. Puis, j'opère la division.

$$
\begin{array}{r|l}
9,00 & 423 \\
8\ 46 & \overline{0,02} \\
\hline
Reste.\ .\ \ 0,54 &
\end{array}
\qquad
\begin{array}{rr}
Preuve.\ . & 423 \\
& 0,02 \\
\hline
& 8,46 \\
Reste\ à\ ajouter.\ . & 0,54 \\
\hline
& 9,00
\end{array}
$$

Cette manière d'opérer peut être appliquée au reste de la division, lorsque le diviseur n'est pas contenu exactement un certain nombre de fois dans le dividende.

On réduit d'abord ce reste en dixièmes au moyen d'un zéro ajouté à sa droite, et l'on continue la division après avoir mis une virgule au quotient. On obtient ainsi des dixièmes; s'il se trouve un second reste, on ajoute un second zéro pour obtenir des centièmes; puis, on continue de

même la division, ce qui permet d'arriver à une approxi-
mation aussi grande qu'on le désire.

```
Exemple :  426.5 | 241
            211   |——————
           ————   | 17,697
           185 5
           168 7
          ——————
           168,0
           144,6
          ——————
            23,40
            21,69
          ——————
             1,710
             1,687
          ——————
Reste . .    0,023
```

```
Preuve . . . . . . .     17,697
                            241
                         ——————
                         17 697
                         707 88
                         3539 4
                        ————————
                        4 264,977
Reste à ajouter             0.023
                        ————————
                        4 265,000
```

Dans l'exemple ci-dessus, on s'est arrêté aux millièmes ;
comme il se trouve encore un reste, la division n'est
qu'approximative. Remarquez d'ailleurs que, si l'on ajou-
tait au quotient un seul millième, ce quotient serait trop
grand. On dit alors que l'opération est *exacte à moins d'un
millième près*.

68. — De ce qui précède, on peut déduire la règle générale suivante pour faire la division :

Premier cas. — *Le quotient doit être moindre que* 10
ou n'avoir qu'un seul chiffre.

On le reconnait d'avance à ce que le dividende est moindre que 10 fois le diviseur.

En général, *pour diviser deux nombres l'un par l'autre,
lorsque le quotient ne doit avoir qu'un seul chiffre, on divise le
premier ou les deux premiers chiffres du dividende par le premier chiffre du diviseur, et on obtient le quotient ou un chiffre
trop fort. Pour l'essayer, on multiplie le diviseur par ce chiffre
et on soustrait les produits partiels des parties correspondantes
du dividende, à mesure qu'on les obtient. Lorsque le dernier
produit peut se soustraire du dividende, le chiffre essayé est
bon ; lorsqu'il ne peut pas se soustraire, le chiffre essayé est
trop fort ; on le diminue alors successivement d'une unité, et
on continue les essais jusqu'à ce qu'on puisse effectuer la dernière soustraction.*

Deuxième cas. — *Le quotient doit être plus grand que* 10,
ou avoir plusieurs chiffres.

En général, *pour diviser deux nombres l'un par l'autre, on prend sur la gauche du dividende assez de chiffres pour que le nombre qui en résulte contienne le diviseur ; on divise ce nombre par le diviseur, et on obtient le premier chiffre du quotient ; on soustrait du premier dividende partiel le produit de la multiplication du diviseur par le chiffre obtenu au quotient ; à la droite du reste de la soustraction, on écrit le chiffre suivant du dividende ; on divise ce nombre par le diviseur*, etc.

69. — De la notion de la division, on déduit les principes suivants :

1° Si on rend le *dividende* 2, 3, 4, etc. fois plus grand ou plus petit, le *quotient* devient lui-même 2, 3, 4, etc. fois plus grand ou plus petit ; car le diviseur se trouve compris 2, 3, 4, etc. fois *plus* ou *moins* dans le nouveau dividende.

2° Si on rend le *diviseur* 2, 3, 4, etc., fois plus grand ou plus petit, on rend par là même le *quotient* 2, 3, 4 fois plus petit ou plus grand, puisque le nouveau diviseur est contenu 2, 3, 4, etc. fois *moins* ou *plus* dans le dividende.

D'où il suit que, si l'on multiplie ou si l'on divise à la fois le dividende et le diviseur par 2, 3, 4, etc., le quotient ne change point ; car les effets des deux opérations semblables, agissant en sens contraire, se compensent réciproquement.

On peut donc poser ce principe :

Lorsqu'on multiplie ou qu'on divise le dividende et le diviseur par un même nombre, le quotient ne change pas ; mais le reste, s'il y en a un, est multiplié ou divisé par ce même nombre.

Exercices. — Le maître fera diviser des nombres entiers par d'autres nombres entiers plus grands. Il demandera à l'élève que la division soit exacte à moins, soit d'un dixième, soit d'un centième, soit d'un millième, soit d'un dix millième près. On donnera la preuve chaque fois en multipliant le diviseur par le quotient et en ajoutant au produit le reste, s'il y en a un.

70. — Lorsque, soit le dividende, soit le diviseur, soit tous les deux, présentent des dixièmes, des centièmes ou autres fractions décimales, deux cas peuvent se présenter, savoir :

1er cas : Si les deux termes, dividende et diviseur, of-

frent le même nombre de décimales, on opère comme si,
les virgules étant supprimées, il n'y avait de fraction ni
à l'un ni à l'autre terme.

```
Exemple :       4,52 | 2,21            Preuve...      2,04
                442  |------                          2,21
                     | 2,04                          -----
               ----------                             204
                  1000                                408
                   881                                4 08
                                                     ------
Reste....      0,0116                               4,5084
                                    Reste à ajouter.. 0,0116
                                                    --------
                          Total égal au dividende....  4,5200
```

Exercices. — Le maître fera diviser des nombres avec fractions décimales par d'autres nombres ayant autant de fractions
décimales. A chaque opération, on fera la preuve par la multiplication.

2me CAS : S'il ne se trouve de décimales qu'à l'un des
deux termes, dividende ou diviseur, ou bien si l'un des deux
termes ne présente pas autant de chiffres décimaux que
l'autre terme, on commence par égaliser entre les deux
termes le nombre des chiffres décimaux, en ajoutant à la
droite du terme qui n'a pas de décimales ou qui en a le
moins autant de zéros qu'il est nécessaire ; puis on opère
comme si les virgules étaient effacées.

Ex. : 45 à diviser par 2,155.

Comme le diviseur 2,155 présente jusqu'à des millièmes, j'ajoute au dividende 45 trois zéros, que je sépare
par une virgule. Ainsi, sans altérer la valeur du nombre 45,
je change les entiers de ce nombre en millièmes : 45,000.

```
45,000 | 2,155           Preuve...     20,88
43 10  |-------                         2,155
       | 20,88                        --------
-----------                            10,440
  1 9000                              1 04 40
  1 7240                              2 08 8
  ----------                          41 76
   17600                             --------
   17240                             44,99 640
  ----------      Reste à ajouter.    0,00 360
Reste. 0,00360                       ---------
                 Total égal au dividende.....  45,00 000
```

Autre EXEMPLE : Soit à diviser 52,52 par 2,5 ; je trans-

forme le diviseur en centièmes, ce qui fait 2,50 ; et comme
s'il n'y avait pas de virgules, je divise 5 252 par 250.

```
52,5.2 |  2,50                Preuve...        21,008
50,0   |————                                     2.5
—————    21,008                               ————————
  2 5 2                                        10 5 040
  2 5 0                                        42 0 16
——————          Produit égal au dividende..   ————————
    2000                                       52, 5 200
    2000
  ——————
    0000
```

Lorsque le dividende contient plus de décimales que le
diviseur, il est plus simple de ne point ajouter de zéros à
la droite du diviseur, et de faire la division sans faire at-
tention à la virgule. Il suffit, quand l'opération est terminée, de séparer par une virgule, sur la droite du quotient,
autant de décimales qu'il y en a de plus au dividende qu'au
diviseur.

Exercices. — Le maître fera diviser des nombres pourvus
de fractions décimales par d'autres nombres ayant plus ou moins
de décimales que le dividende. La preuve se fera chaque fois par
la multiplication.

71. — On abrége la division en ne posant pas sous chaque dividende partiel le produit de la multiplication du
diviseur par le chiffre trouvé au quotient. Lorsqu'on opère,
on fait à la fois par la pensée la multiplication et la soustraction.

Exemple : à diviser 2 625 par 15.

```
Méthode non abrégée.      Méthode abrégée.          Preuve.
  26.25 | 15                26.25 | 15                175
  15    |————               11 2  |————                15
  ———     175               ————    175              ————
  11 2                        75                      875
 . 10 5                     ————                      1 75
  ——————                      00                     ——————
     75                                              2 625
     75
   ——————
     00
```

Je dis : dans le 1er dividende partiel 26, combien de fois
le diviseur 15 ; il y est une fois. J'écris 1 au quotient, et
multipliant le diviseur 15 par 1, je dis : 1 fois 5 fait 5 ;
alors, sans écrire 5 et sans écrire le produit de la multiplication, je passe par la pensée à la soustraction, et je

dis : 5 ôté de 6, premier chiffre à droite du premier dividende partiel, reste 1 ; j'écris 1 sous le chiffre 6 ; puis reprenant la multiplication du diviseur par le quotient, je dis : 1 fois 1 fait 1. Sans écrire 1, je dis comme ci-dessus : 1 ôté de 2, reste 1.

Le second dividende partiel est 112. Je dis : en 112 combien de fois 15 ? Il y est 7 fois. J'écris au quotient 7, et multipliant le diviseur 15 par 7, je dis : 7 fois 5 fait 35. 35 ne peut être soustrait du nombre 2, premier chiffre à droite du 2ᵉ dividende partiel ; mais il peut être soustrait de 2 augmenté de 4 dizaines, c'est-à-dire de 42. Je dis donc : 35 de 42 reste 7, que j'écris en dessous de 2, et je n'oublie pas que j'ai augmenté de 4 dizaines le nombre 112 ; par conséquent il faudra, comme compensation, augmenter de 4 dizaines le produit de la multiplication de 15 par 7. Je reprends la multiplication et je dis : 7 fois 1 fait 7, à quoi j'ajoute les 4 dizaines de compensation ; 7 et 4 font 11 ; 11 de 11 reste 0. J'opère de même pour le troisième et dernier dividende partiel.

Exercices. — Le maître fera faire, par la méthode abrégée du § 71, des divisions de chacune des catégories indiquées §§ 64, 65, 66, 67. La preuve à chaque opération.

72. — Diviser un nombre par 10, par 100, par 1 000, etc., c'est en prendre le dixième, le centième, le millième, le dix millième ; en d'autres termes, c'est le rendre 10 fois, 100 fois, 1 000 fois plus petit. Or, d'après ce qui a été dit à l'étude de la numération, pour rendre un nombre 10 fois plus petit, il suffit de déplacer la virgule d'un rang vers la gauche ; pour le rendre 100 fois plus petit, on la déplace de 2 rangs ; pour le rendre 1 000 fois plus petit, de 3 et ainsi de suite.

Exemple :   2 525 à diviser par 10. *Quotient* 252,5
            46 106 à diviser par 100. *Quotient* 461,06

Exercices. — Le maître fera diviser des nombres par 10, par 100, par 1 000, par 10 000, par 100 000.

73. — Lorsque le dividende et le diviseur sont tous deux terminés par un ou plusieurs zéros, on abrége la division en retranchant à l'un et à l'autre le même nombre de zéros ; suppression qui équivaut, pour les deux termes, à une division par 10, par 100, par 1 000, etc. suivant le nombre des zéros retranchés. Le dividende et le diviseur étant, l'un et l'autre, rendus le même nombre de fois plus petits, le quotient ne sera pas changé.

EXEMPLE : 728 000 à diviser par 7 000.

Division simplifiée.

$$\frac{728}{0}\Big|\frac{7}{104}$$

$$\frac{28}{00}$$

Exercices. — Le maître fera diviser des nombres présentant à droite ou à gauche plusieurs 0 par d'autres nombres présentant cette même particularité. La preuve par la multiplication.

Questionnaire. — 61. Qu'est-ce que la division? — 62. Le quotient est-il plus grand ou plus petit que le dividende? — 62 bis. Quel est le signe de la division? — 63. Que faut-il faire pour apprendre à diviser? — 64. Comment divise-t-on l'un par l'autre deux nombres entiers? — 65. Quelle est la preuve de la division? — 66. Quelles sont les règles à observer dans chaque division partielle? — 67. Comment opère-t-on, lorsque le dividende est plus petit que le diviseur? — 68. Quelle est la règle générale de la division? — 69. Quel changement éprouve le quotient : 1° lorsqu'on divise le dividende par 2, 3, 4 ou tout autre nombre; 2° lorsque c'est le diviseur qu'on divise ainsi; 3° lorsqu'on divise par le même nombre le dividende et le diviseur? — 70. Comment opère-t-on lorsque, soit le dividende, soit le diviseur, soit tous deux présentent des fractions décimales? — 71. Comment abrége-t-on la division? — 72. Comment divise-t-on un nombre par 10, par 100, par 1 000, par 10 000? — 73. Comment abrége-t-on la division, lorsque le dividende et le diviseur sont terminés chacun par un ou plusieurs zéros?

La division est employée dans les problèmes lorsqu'on a à résoudre les questions suivantes :

1° *Partager un nombre donné en parties égales.*

2° *Connaissant la valeur de plusieurs unités, déterminer la valeur d'une seule.*

3° *Étant données la valeur de plusieurs unités et celle d'une de ces unités, trouver à quel nombre d'unités correspond la première de ces deux valeurs.*

4° *Déterminer combien plusieurs unités d'un certain ordre valent d'unités d'un ordre supérieur.*

Problèmes agricoles sur la division.

Le maître fera lire et expliquera chaque tableau des pages suivantes; puis l'élève résoudra les problèmes qui s'y rapportent après avoir cherché sur le tableau précédent un ou plusieurs chiffres nécessaires pour compléter lesdits problèmes. L'élève fera par la multiplication la preuve de chaque division.

TABLEAU 22. — Semences et semailles.

LÉGUMES VERTS.	Nombre de graines qui se trouvent ordinairement dans 1 kil. de semence.	SEMIS EN LIGNES.		Quantité de semence ordinairement employée par hectare.
		Espacement ordinaire		
		des lignes.	des pieds dans chaque ligne.	
		mètres.	mètres.	kilogr.
Betterave à vaches.............	50 000	0,60	0,55	
Id. à sucre.............	50 000	0,15	0,50	
Carotte à vaches.............	700 000	0,40	0,15	3
Id. à manger.............	800 000	0,55	0,10	3,5
Panais.............	210 000	0,40	0,15	4
Raves et navets fourragers....	500 000	0,40	0,25	2,5
Chou-navet et rutabaga......	250 000	0 60	0,35	2,5
Chou-pomme, gros.............	250 000	0,75	0,60	1
Id. petit.............	250 000	0,40	0,55	1,5
Chou cavalier.............	250 000	1,50	1,50	0,8
Citrouille.............	2 000	2,0	2,00	2
TUBERCULES.				
Pomme de terre, gr. variété...		0,75	0,40	1200
Id. petite variété.		0,50	0,55	1586
Topinambour.............		0,75	0,40	900

L'hectolitre de pommes de terre pèse ordinairement 65 kilogr. et contient 950 tubercules moyens.

1. — Quelle étendue peut-on ensemencer avec 21 kilogr. de graine de betterave à sucre?

Solution : Puisqu'il faut 7 kilogr. de semence pour 1 hectare de betterave à sucre, autant de fois cette quantité 7 se trouve dans 21 kilogr., autant on peut ensemencer d'hectares avec ces 21 kilogr. 21/7 = 3. On peut donc ensemencer 3 hectares.

2. — Quelle étendue peut-on semer avec

1° 12 kilogr. de graine de carotte à vaches.
2° 20 ..... » .... panais.
3° 7 ..... » .... gros chou pomme.
4° 14 ..... » .... citrouille.

3. — A quelle étendue de terrain doivent suffire

1° 7 kilogr. de graine de carotte à manger.
2° 10 ..... » .... navet.
3° 15 ..... » .... chou-navet.
4° 9 ..... » .... petit chou pomme.
5° 6 ..... » .... chou cavalier.

4. — Quelle étendue de terrain planterait-on avec

    1° 13 860 kilogr. de pommes de terre grande variété.
    2° 20 790 ..... » .... petite variété.
    3° 6 300 ..... » topinambour.

5. — Dans un hectare (100 mèt. de long sur 100 mèt. de large), combien y a-t-il

    1° de lignes de betteraves à vaches.
    2° de pieds par lignes.
    3° de pieds par hectare.
    4° quel poids par pied, supposé la récolte de l'hectare égale à 50 000 kilogr. ?

Solution. 1° Puisque les lignes sont espacées de $0^m,60$, il se trouve dans 100 mèt., largeur de l'hectare, autant de lignes que 0,60 se trouve dans 100.

$$\frac{100}{0,60} = 166 \text{ lignes.}$$

2° Puisque, dans chaque ligne, les pieds sont espacés de $0^m,35$, et puisque les lignes ont la longueur de l'hectare, c'est-à-dire 100 mèt., il se trouve autant de pieds par ligne que 0,35 se trouve de fois dans 100.

$$\frac{100}{0,35} = 285 \text{ pieds.}$$

3° Puisque les lignes sont, par hectare, au nombre de 166 et puisque, dans chaque ligne, il se trouve 285 pieds, l'hectare présente en totalité 166 fois 285 pieds.

$$285 \times 166 = 47\ 310 \text{ pieds.}$$

4° Puisque le poids total de la récolte est de 50 000 kilogr., et puisque les racines sont au nombre de 47 310, chaque racine pèse en moyenne la $47\ 310^{me}$ partie de 50 000 kilogr.

$$\frac{50\ 000}{47\ 310} = 1 \text{ kilogr.,056}$$

6. — Quel est le poids moyen

    1° De carottes à vaches dont 1 hectare a produit 30 000 kil.
    2° De panais .... » .... 20 000 »
    3° De navets .... » .... 50 000 »
    4° De choux-navets....... » .... 35 000 »
    5° De gros choux pommes.. » .... 80 000 »

7. — Combien faut-il de tubercules ou de fragments de tubercules pour planter

1° 2 hectares de pommes de terre, grande variété.
2° 3   »   ...., petite variété.
3° 4   »   de topinambour.

8. — L'hectolitre de pommes de terre, grande variété, contenant 950 tubercules, combien de tubercules par hectolitre devrai-je couper en deux morceaux, si j'emploie 20 hectolitres par hectare ?

Solution. 1° Par l'espacement des lignes et par l'espacement des pieds dans les lignes, cherchez combien de plants sont nécessaires par hectare.

2° Au moyen d'une soustraction comparez avec ce nombre le nombre de tubercules qui se trouve dans 20 hectolitres. Cette opération vous indique combien il manque de plants, et dès lors combien de tubercules il faut couper.

TABLEAU 23. — Semences et semailles.

PLANTES INDUSTRIELLES DIVERSES.	Nombre de grains qui se trouvent ordinairement dans 1 kil. de semence.	SEMIS EN LIGNES.		Semence ordinairement employée par hectare.	SEMIS A LA VOLÉE. Semence ordinairement employée par hectare
		Espacement des lignes.	des pieds dans chaque ligne.		
		mètres.	mètres.	kilogr.	kilogr.
Colza d'hiver.....	250 000	0,45	0,50	3	7
Navette d'hiver..	280 000	0,30	0,25	4	8
Œillette.........	1 200 000	0,50	0,15	2,5	5
Chanvre.........	50 000				110
Lin.............	200 000				160
Tabac...........	2 000 000	0,80	0,80		0,05
Houblon.........		2	2		
Cardère.........		0,45	0,50	4	
Chicorée café....	800 000	0,50	0,05	5,5	5,50
Garance.........	40 000	0,50	0,05	12,5	
Gaude..........	1 200 000	0,20	0,05	5	6

9. — Quelle étendue peut-on ensemencer en lignes avec

1° 7 kilogr. de graine de colza.
2° 11   »   .... navette.
3° 5   »   .... œillette.

10. — J'ai 5 hectares, 27 ares à semer en chanvre, et 405 kilogr. de graine ; pour combien de terrain la graine me manque-t-elle ?

11. — J'ai 927 kilogr. de graine de lin. Quelle étendue puis-je ensemencer ?

12. — Pour combien d'hectares 1 kilogr. de graine de tabac suffit-il ?

13. — Combien faut-il de pieds pour planter

    1° 1 hectare de houblon,
    2°   .   »   .. cardère,
    3°   .   »   .. tabac,
    4°   .   »   .. colza d'hiver.

TABLEAU 24. — Semences et semailles.

PLANTES FOURRAGÈRES.			
	NOMBRE de graines que contient ordinairement 1 kilog. de semence.	QUANTITÉ de semence que l'on emploie ordinairement par hectare.	PRIX auquel se vend d'ordinaire 1 kilogramme de semence.
		kilogr.	francs.
Luzerne de Provence..	250 000	25	1,50
Luzerne du Centre....	500 000	25	1,
Sainfoin (grand)	50 000	140	0,32
Trèfle violet..........	400 000	15	1,16
Trèfle incarnat........	200 000	25	0,68
Trèfle blanc	1 000 000	12	1,70
Lupuline	400 000	15	0,40
Vesce de printemps....	25 000	140	0,25
Vesce d'hiver.........	20 000	160	0,25
Jarosse..............	12 000	180	0 25
Petite gesse..........	18 000	160	0,30
Pois gris.............	18 000	160	0,25
Lentille fourragère....	40 000	150	0,55
Ervilliers, ers........	60 000	55	0,50
Moha	250 000	11	1,50
Moutardon...........	250 000	8	0,50
Ajonc...............	100 000	15	2,10
Ivraie vivace.........	250 000	55	0,80
Ivraie d'Italie........	200 000	45	0,80

14. — Je dépense 200 fr. en achat de graine de luzerne de Provence. Quelle étendue puis-je ensemencer ?

Solution. 1° Puisque 1 kilogr. de graine de luzerne coûte 1 fr.,30, et puisque, par hectare, il en faut 25 kilogr., la dépense totale par hectare est de 25 fois 1 fr., 30.

$$1 \text{ fr.}, 30 \times 25 = 32 \text{ fr.}, 50.$$

2° Puisque la semence de 1 hectare coûte 32 fr., 50, et puisque j'ai dépensé 200 fr. en totalité, je puis ensemencer autant de terrain que 32,50 se trouve de fois dans 200.

4.

$$\frac{200}{32,50} = 6,1538.$$

Je puis donc ensemencer 6 hectares 15 ares, 38 centiares.

15. — J'ai acheté pour

1° 50 fr.   » de graine de grand sainfoin.
2° 89 fr.   » . . . .   » trèfle violet.
3° 25 fr., 50 . . . .   » trèfle blanc.
4° 67 fr., 25 . . . .   » lupuline.
5° 81 fr.   » . . . .   » trèfle incarnat.

Quelle étendue ensemencerai-je en chaque espèce ?

16. — J'ai

1° 700 kilogrammes de graine de vesce de printemps.
2° 457,250   »   . . . . vesce d'hiver.
3° 140 476   »   . . . . jarosse.
4° 325 546   »   . . . . petite gesse.
5° 257,575   »   . . . . pois gris.

Quelle étendue puis-je ensemencer en chaque espèce ?

17. — Quel est le nombre de graines que l'on met dans 1 are semé en trèfle violet ?

Solution. 1° Puisqu'il faut par hectare 15 kilogr. de graine, pour l'are, centième partie de l'hectare, il faut la centième partie de 15 000 grammes.

$$\frac{15\ 000}{100} = 150\ \text{grammes.}$$

2° Puisque 1 kilogr. ou 1 000 gr. de graine de trèfle violet contient 400 000 graines, 1 seul gramme contient la millième partie de 400 000.

$$\frac{400\ 000}{1\ 000} = 400\ \text{graines.}$$

3° Enfin puisque, pour semer un are, il faut 150 grammes, et puisque 1 gramme contient 400 graines, 1 are reçoit 150 fois 400 graines :

$$400 \times 150 = 60\ 000\ \text{graines.}$$

18. — Quel nombre de graines met-on

1° Dans 1 centiare semé en luzerne de Provence.
2° ...   » . . . . trèfle blanc.
3° ...   » . . . . lupuline.
4° ...   » . . . . vesce de printemps.
5° ...   » . . . . grand maïs.
6° ...   » . . . . ivraie vivace.

Semis à la volée. — Épaisseur des Semailles.

Les tableaux précédents indiquent les quantités de semence qu'on met ordinairement par hectare. Du reste, il faut semer ou plus clair ou plus épais suivant les circonstances. Les calculs suivants mettent à même d'y parvenir.

Dans les semailles à la volée, le semeur parcourt le champ par passées parallèles. Tous les deux pas, il jette une poignée ou une pincée de semence. La quantité de semence employée par hectare se règle sur l'espacement des passées.

19. — Mes pas ont $0^{mèt}$,80 de long, mes poignées sont de 0^{lit},05. Quel doit être l'espacement des passées pour un semis de blé à 230^{lit} par hectare ?

Solution. L'hectare, ainsi qu'il a été dit, est un carré de $100^{mèt}$ de long et de $100^{mèt}$ de large. Dans un tel carré, chaque passée a donc $100^{mèt}$ de long.

Puisque mes pas ont $0^{mèt}$,80 d'étendue, je fais à chaque passée autant de pas que 0,80 se trouve de fois dans 100.

$$\frac{100}{0,80} = 125 \text{ pas.}$$

Puisque je fais par passée 125 pas, et puisque je jette une poignée tous les deux pas, je jette en tout par passée

$$\frac{125}{2} = 62 \text{ poignées, 5 dixièmes.}$$

Puisque chaque poignée est de 0^{lit},05 et puisqu'à chaque passée je jette 62 poignées, 5 dixièmes, je jette en tout par passée 0^{lit},05 multiplié par 62,5 :

$$0^{lit},05 \times 62,5 = 3^{lit},125.$$

Puisque, par passée, je jette 3^{lit},125, et puisque je dois semer 230^{lit} par hectare, je fais, par hectare, autant de passées que 3,125 se trouve de fois dans 230.

$$\frac{230}{3,125} = 73 \text{ passées.}$$

Enfin, puisque je dois faire 73 passées sur la largeur de l'hectare et puisque cette largeur est de 100 mètres, l'espacement entre deux passées sera la 73me partie de 100 mètres.

$$\frac{100^{mèt}}{73} = 1^{mèt},369.$$

20. — Mes pas ont $0^{mèt},73$ de long ; mes poignées sont de $0^{m},07$. La quantité de semence à mettre par hectare est de 250 lit. Que doit être l'espacement des passées ?

21. — Mon domestique Jean, qui sème de l'orge, fait des pas de $0^{mèt},85$; ses poignées sont $0^{lit},065$; ses passées sont espacées de $2^{mèt},20$. Combien met-il de semence par hectare ?

Pour résoudre ce problème, cherchez :

1° Ce que Jean emploie de semence par passée (voir la solution du problème 19).

2° Combien Jean fait de passées par hectare ? Or, il en fait autant que $2^{mèt},20$ (espacement de ses passées) se trouve de fois dans $100^{mèt}$, largeur de l'hectare.

3° Multipliez par le nombre de passées la quantité de graine que Jean répand à chaque passée. Vous aurez le résultat cherché.

22. — J'ai dit à Jean de semer du trèfle incarnat à 26 kilogr. de graine par hectare. Vérifiant son travail, je remarque que ses passées sont espacées de $1^{mèt},20$; que ses pas sont de $0^{mèt},80$; ses pincées, de $3^{gr},50$. Quelle différence y a-t-il entre la quantité qu'il sème et la quantité prescrite ?

Solution. 1° Cherchez combien Jean jette de pincées par hectare.

2° Multipliez par ce nombre le poids de chaque pincée. Vous saurez ainsi la quantité de semence que Jean sème par hectare.

3° Comparez par la soustraction cette quantité avec la quantité prescrite.

Problèmes divers sur la division.

1. — Une succession de 14 518 fr. est à partager également entre 17 héritiers ; on demande ce qui revient à chacun.

2. — On a donné 72 fr. à un ouvrier pour 24 journées de travail ; combien gagne-t-il par jour ?

3. — L'hectolitre de blé coûtant 24 fr., combien peut-on en acheter pour une somme de 480 fr. ?

4. — On a payé 536 fr. pour 89 ares de vignes : quelle est la valeur de l'are ?

5. — A combien revient le mètre d'un drap dont on en a eu 94 mètres pour 4 512 fr. ?

6. — Un marchand a payé 478 fr. pour une pièce d'étoffe contenant 89 mètres ; on demande combien lui coûte le mètre ?

7. — Un ouvrier fait par jour 43 mètres d'un certain ouvrage : combien faudra-t-il employer d'ouvriers de la même force pour en faire 146 mètres dans le même temps ?

8. — On sait que communément un décalitre de blé fournit 658 décagrammes de pain ; pour faire 72000 décagrammes de pain, combien faudra-t-il de blé ?

9. — Une souscription faite en faveur de 500 familles d'ouvriers sans travail a produit 32 500 fr. : quelle sera en moyenne la part de chaque famille ?

10. — Un certain nombre d'ouvriers qui gagnent chacun 5 fr., 50 par jour, ont reçu 5 250 fr. à la fin d'une semaine de travail ; combien y a-t-il d'ouvriers ?

11. — Une ménagère tricote des bas qu'elle vend 5 fr., 25 la paire ; elle a reçu 59 fr. pour la vente d'un certain nombre de paires : trouvez ce nombre ?

12. — 24 actions de chemins de fer ont coûté 9 565 fr. : quel est le prix d'une action ?

13. — Une pièce contenant 12 douzaines de mouchoirs a été achetée 126 fr., 60 ; combien doit-on vendre chaque mouchoir pour gagner 15 fr. sur la pièce ?

14. — Un chef d'atelier occupe 15 ouvriers, qu'il paye ensemble 567 fr., 50 par semaine : quel es le gain de chaque ouvrier par jour et par mois ?

15. — Une famille dont les revenus annuels sont de 912 fr., 50 veut économiser 0 fr., 50 par jour : quelle sera sa dépense journalière ?

16. — Une ménagère a acheté une égale quantité de toile à 1 fr., 50, à 2 fr. et à 2 fr., 25 le mètre ; elle a payé chaque quantité 86 fr., 25 : combien a-t-elle eu de mètres de chaque quantité ?

17. — 187 kilog. de raisin donnent un hectolitre de vin : quelle quantité de vin donnera une récolte de 238 quintaux de raisin ?

18. — Combien aura-t-on de mètres de calicot pour 49 fr., 25, si le mètre vaut 1 fr., 80 ?

19. — Combien mettra-t-on de temps pour défricher une étendue de terrain de 10 hectares, 74 ares, 15 centiares, si on peut défricher 69 ares, 05 centiares par jour ?

20. — Un jeune homme qui a contracté l'habitude de fumer, a dépensé 584 fr. en 8 ans : quelle est sa dépense par année, par mois, par semaine et par jour ?

21. — 158 pièces de vin ont coûté 12 000 fr. ; les frais de transport sont de 140 fr. : quel est le prix d'une pièce ?

22. — Combien coûte le kilogramme de sucre, si un pain de 16 kilogr., 28 a coûté 20 fr., 10 ?

CHAPITRE IX.

Problèmes divers sur les quatre règles.

MÉLANGES, SOCIÉTÉS, RÉPARTITIONS, INTÉRÊT, ESCOMPTE, ASSURANCES.

1. — Un marchand achète trois pièces de drap, dont la première contient $36^m,45$, la seconde $27^m,84$, et la troisième $49^m,16$: il en a vendu 57^m ; combien lui en reste-t-il ?

2. — Deux marchands ont fait un échange : le premier a donné au second 45 kilogrammes de café à 7 fr., 25 c. le kilogramme ; le second a donné au premier $124^m,75$ de toile, à 2 fr., 25 c. le mètre. Lequel des deux doit à l'autre, et combien lui doit-il ?

3. — Diviser $4\,789^f,72^c$ en deux parts, telles que l'une surpasse l'autre de 124 francs.

Solution. — La plus grande devant surpasser la plus petite de 124 fr., il est évident qu'elle vaut celle-ci augmentée de 124 fr. ; par conséquent, si, de la somme à partager, on ôte 124 fr. et si on divise le reste par 2, on aura la plus petite part.

4. — Sachant que 24 ouvriers, en 50 jours, ont fait 3 600 mètres d'ouvrage, on demande combien 31 ouvriers, aussi habiles que les premiers, en feront dans l'espace de 48 jours.

Solution. — Cherchez ce qu'un seul ouvrier fait en 50 jours ; puis ce qu'un seul ouvrier fait en un seul jour. Cette portion d'ouvrage déterminée, multipliez-la par 48 et par 31.

5. — Un marchand a mêlé trois espèces de vin, savoir : 50 mesures de première qualité à 12 fr. l'une, 20 mesures à 8 fr., 75 et 30 mesures à 6 fr., 50. Combien lui coûte la mesure de ce mélange ?

Solution. — Pour résoudre cette question, on raisonnera ainsi :

$$
\begin{array}{lll}
50 \text{ mesures de] vin à 12 fr. »» valent} \ldots. & 600 \text{ fr.} \\
20 \ldots\ldots\ldots\ldots \text{à} \quad 8 \text{ fr. } 75 \ldots\ldots\ldots & 175 \text{ »} \\
30 \ldots\ldots\ldots\ldots \text{à} \quad 6 \text{ fr. } 50 \ldots\ldots\ldots & 195 \text{ »} \\
\end{array}
$$

Donc, les 100 mesures valent ensemble............ 970 fr.
et une mesure vaut 100 fois moins.

6. — Trois entrepreneurs ont reçu pour la construction d'un canal 38 574 francs, qu'ils doivent se partager à raison du nombre des ouvriers que chacun y a employé : le premier en a fourni 24, le second 30 et le troisième 46. On demande ce qui revient à chaque entrepreneur.

Solution. — Puisque la part qui revient à chacun dépend du nombre des ouvriers employés, il est évident que, si l'on connaissait la somme qu'il faut donner pour chaque ouvrier, on trouverait la part du premier entrepreneur en multipliant cette somme par 24, et les parts des deux autres, en multipliant cette même somme par 30 pour le second et par 46 pour le troisième. Or, pour déterminer cette somme relative à un seul ouvrier, il suffit d'observer que les 38 574 francs ont été payés par rapport aux $24 + 30 + 46$ ouvriers employés à la construction du canal ; or, $24 + 30 + 46 = 100$; donc, il est clair que la 100e partie de 38 574 fr., ou 385 fr., 74 c. exprime ce qu'il convient de donner pour chacun.

Ainsi, on doit payer

$$
\begin{array}{ll}
\text{au } 1^{er} \text{ entrepreneur } 385 \text{ fr.,} 74 \text{ c.} \times 24 \text{ ou} & 9\,257 \text{ fr., } 76. \\
\text{au } 2^e \ldots\ldots\ldots 385 \text{ fr.,} 74 \text{ c.} \times 30 \text{ ou} & 11\,572 \text{ fr., } 20. \\
\text{au } 3^e \ldots\ldots\ldots 385 \text{ fr.,} 74 \text{ c.} \times 46 \text{ ou} & 17\,744 \text{ fr.. } 04. \\
\end{array}
$$

En effet, ces trois sommes réunies égalent..... 38 574 fr. »»

7. — Un piéton marche pendant 8 jours : le premier

jour, il fait 24 kilomètres, 563, et chacun des autres jours, il parcourt régulièrement 3 k.,475 de plus que le jour précédent. Quelle distance a-t-il parcourue dans cet espace de temps ?

8. — Un marchand a acheté 23 pièces de vin, contenant chacune 240 litres ; elles coûtent 586 francs d'achat et 69 francs de transport ; on demande combien il doit vendre le litre pour faire un bénéfice de 240 francs sur la totalité ?

9. — Cinq héritiers ont à se partager une succession composée de 10 billets de 1 524 fr., 50 chacun, et d'un bien estimé 24 000 fr. ; mais elle se trouve affectée de plusieurs dettes : la première de 3 574 fr., 25, la deuxième de 1 250 fr. et la dernière de 3 effets qui valent chacun 658 fr. Que doit-il revenir à chaque héritier ?

10. — Une somme de 4 680 francs, placée dans le commerce, a produit 348 fr., 60 ; on demande combien aurait rapporté un capital de 12 000 francs ?

11. — Trente copistes ont transcrit un ouvrage de 478 pages en 5 heures ; on voudrait savoir combien 45 copistes transcriraient de pages en 8 heures.

12. — Trois marchands ont fait un bénéfice de 36 000 fr., et veulent se le partager en raison des sommes qu'ils ont fournies : le premier avait donné 4 248 fr., le second 5 327 fr. et le troisième 5 425 fr. Combien chacun doit-il recevoir ?

13. — Quatre propriétaires ont en commun un berger auquel ils donnent 731 fr. par an ; le premier a 75 moutons, le second 96, le troisième 120, et le quatrième 134 ; combien chacun doit-il donner au berger ?

14. — Trois personnes se sont associées pour un commerce ; la première a mis 4 000 fr. pendant 15 mois, la seconde 7 000 fr. pendant 13 mois, et la troisième 9 000 fr. pendant 16 mois ; elles ont gagné 7 080 fr. Quel est le bénéfice de chacune, en raison de sa mise et du temps qu'elle est restée dans la société ?

La 1re ayant mis 4000 fr. pour 15 mois, c'est comme si elle avait mis 4000 fr. × 15 ou 60 000 fr. pour 1 mois.
La 2e.......... 7000 fr. × 13 = 91 000 fr. pour 1 mois.
La 3e.......... 9000 fr. × 16 = 144 000 fr. pour 1 mois.
En tout.................. 295 000 fr.

La question se trouve alors ramenée à celle-ci :

Trois personnes s'étant associées ont gagné 7 080 fr.; la première avait mis 60 000 fr., la seconde 91 000 fr., et la troisième 144 000 fr.: quelle est la part de chacune dans le bénéfice?

15. — Un négociant a acheté 25 mètres de drap à raison de 12 fr., 50 le mètre, et 18 mèt., 75 à 10 fr. le mètre : combien doit-il revendre le tout pour avoir un bénéfice de 50 fr. ?

16. — L'extraction du sel, en France, produit 400 000 000 kilog. On estime que 216 000 000 sont absorbés par la préparation des aliments, 75 000 000 par l'industrie, 25 000 000 par l'agriculture, 80 000 000 par la grande pêche et les salaisons sur mer, et le reste par le commerce d'exportation : quelle est la valeur qui correspond à chacun de ces divers genres de consommation, et quelle est la valeur totale du sel que produit la France, à raison de 0 fr., 25 le kilog. ?

17. — 120 ouvriers concourent à la fabrication d'une aiguille : si on employait 2 fois moins d'ouvriers à cette fabrication, on payerait les aiguilles à peu près 4 fois plus : par suite de cette utile division du travail, quelle est l'économie faite sur 150 milliers d'aiguilles à 6 fr., 50 le millier?

18. — Un chef d'atelier occupe 200 ouvriers, dont 25 payés à raison de 3 fr., 50 par jour; 50 sont payés 2 fr., 25; 75 sont payés 2 fr., et les autres 1 fr., 50 : quelle est la dépense par semaine?

19. — Un ouvrier relieur, habitué à ne jamais prendre plus de 6 heures de repos par nuit, a fait dans un an, en dehors de son travail ordinaire, 675 cartonnages qui lui ont été payés 0 fr., 25 chacun : combien a-t-il ajouté à ses revenus annuels?

20. — Une *couseuse mécanique* d'une valeur de 50 fr. fait 15 fois plus de travail que ne pourrait en faire l'ouvrière qui la conduit : quelle est l'économie résultant de l'emploi de cette ingénieuse machine appliquée à des travaux de couture qu'il aurait fallu payer 2 250 francs?

21. — On a acheté, pour meubler une chambre, 1 lit qui a coûté 65 fr., 6 chaises à 4 fr., 50 chacune, une com-

mode 50 fr., une petite glace 20 fr., une table 12 fr., et quelques autres objets dont le prix s'élève à 26 fr., 50 : quelle est la dépense totale?

22. — Une famille dont les revenus sont de 3 500 fr., règle ainsi sa dépense : 1° nourriture, 800 fr.; 2° entretien, 400 fr.; 3° frais de service intérieur du ménage, 350 fr.; 4° achat de meubles, 300 fr.; 5° achat de linge, 350 fr.; 6° achat de livres, 100 fr.; 7° dépenses diverses, 300 fr.: quelles sont, en moyenne, les économies réalisées tous les ans par cette famille?

23. — Un domestique gagne 250 fr. par an. A cause de son bon service, on l'augmente de 25 fr. tous les ans : quels sont ses gages de la huitième année, et quelle somme possède-t-il alors s'il n'a dépensé que 180 fr. par an?

24. — Une ménagère sort de chez elle avec 300 fr.; elle achète 12 mèt.,25 cent. de mousseline à 4 fr., 50 le mèt., 29 mèt. de calicot à 1 fr., 55 le mèt., 12 mèt. de toile à 3,75 le mèt., 6 paires de bas à 2 fr., 25 la paire : quelle somme lui reste-t-il?

25. — Un coupon de drap a été payé 324 fr.; en le revendant 432 fr., on a gagné 9 fr. par mèt.: combien contenait-il de mèt.?

26. — Un marchand a acheté 4 pièces de drap pour 1 853 fr. à raison de 17 fr. le mèt. La 1re contient 28 mèt., la 2°, 24, et la 3°, 30 : combien en contient la 4° ?

Intérêt de l'argent, revenu des terres et des prés.

On appelle *intérêt* ce que rapporte une somme ou *capital* prêté.

Le *taux* est l'intérêt de 100 fr. pendant un temps déterminé. Lorsque la durée du temps n'est pas indiquée, il s'agit toujours d'une année. Le taux s'écrit ainsi : 5 p. 0/0, 4 p. 0/0, 5 1/2 ou 5 fr.,50 p. 0/0, etc.

On dit que l'intérêt est *simple*, lorsqu'il est payé chaque année, ou lorsqu'il reste chez l'emprunteur sans rapporter intérêt.

On dit que l'intérêt est *composé*, lorsqu'il s'ajoute au capital pour porter intérêt l'année suivante.

Dans les problèmes relatifs à l'intérêt, on considère l'année comme étant de 360 jours et chaque mois comme étant de 30 jours. Cependant, s'il s'agit d'évaluer l'intérêt d'une somme placée pour une fraction d'année avec dates spécifiées, par exemple, du 2 mars au 7 juin, on calcule dans ce cas sur le nombre exact de jours.

Intérêts simples.

27. — Quel intérêt rapportent en 1 an 25 640 fr. placés à 5 p. 0/0 ?

Solution. Puisque 100 fr. placés à ce taux rapportent 5 fr. en 1 an, 1 fr. rapporte 100 fois moins ou 0^f,05 ; et 25 640 fr. rapportent 0^f,05 $\times$ 25 640 $=$ 1 282 fr.

28. — Quel intérêt rapportent en 7 ans 14 225 fr. placés au taux de 4^f,50 ou 4 1/2 p. 0/0 ?

Solution. Cherchez ce que 14 225 fr. rapportent en 1 an, et multipliez cette somme par le nombre d'années 7.

29. — Quel intérêt 1 525 placés à 4 p. 0/0 rapportent-ils en 1 an, 4 mois et 15 jours, c'est-à-dire en 495 jours ?

Solution. Puisque en 1 an 100 fr. rapportent 4 fr., 1 fr. rapporte en 1 an la 100e partie de 4 fr. $=$ 0 fr.,04 ; d'où il suit que, en 1 an, 1 525 fr. rapportent 0 fr.,04 $\times$ 1 525 $=$ 61 fr.

Cela posé, puisque l'année financière comprend 360 jours, 1 525 fr. rapportent en 1 jour :

$$\frac{61 \text{ fr.}}{360 \text{ fr.}} \quad \text{d'où il suit que,}$$

En 495 jours, cette même somme rapporte :

$$\frac{61 \text{ fr.} \times 495}{360} = 83 \text{ fr.},87.$$

Autre méthode de solution très-usitée dans les maisons de banque.

Après avoir déterminé, comme ci-dessus, que 1 525 fr. placés à 4 p. 0/0 rapportent en 1 an 61 fr., vous dites :

En 3 mois, quart d'une année, 1 525 fr. rapportent 1/4 de 61 fr. 15 fr.,25
En 1 mois, tiers de 3 mois, ils rapportent 1/3 de 15 fr.,25. . . . . 5 fr.,08
En 15 jours, moitié de 1 mois, ils rapportent 1/2 de 5 fr.,08. . . . . 2 fr.,54

Total pour 1 an, 4 mois et 15 jours. . . 83 fr.,87

30. — Pour 7 ans et 5 mois, quel est à 2 fr.,50 pour 0/0 le revenu de champs d'une valeur de 5 675 fr. ?

31. — Pour 2 ans, 7 mois, 17 jours, quel est à 3 p. 0/0 le revenu de 3 532 fr.?

32. — J'applique 40 000 fr. de capital mobilier à la culture d'une propriété qui vaut 160 000 fr. Quel revenu dois-je tirer annuellement : 1° de la terre au taux de 5 p. 0/0 ; 2° du capital mobilier au taux de 8 ?

33. — Quelle est la valeur d'une terre qui, au taux de 3 p. 0/0, rapporte 666 fr. ?

Solution. — La terre vaut autant de fois 100 fr. que 3 se trouve de fois dans 666.

34. — Combien vaut un pré qui, au taux de 5 p. 0/0, rapporte 451 fr. ?

35. — Un capital placé à 5 p. 0/0 rapporte 315 fr. en 5 mois 8 jours : quel est ce capital ?

36. — Combien de temps faut-il qu'une somme de 5 725 fr. reste placée à intérêt de 5 p. 0/0, pour que le revenu simple accumulé fasse 2 542 fr. ?

Solution. Cherchez ce que 5 725 fr. produisent d'intérêt en 1 jour, et dites : il faut autant de jours de placement que l'intérêt obtenu en 1 jour se trouve de fois dans 2 542 fr.

37. — Combien de temps 100 peupliers dont la plantation a coûté 100 fr. doivent-ils rester sur pied pour valoir 3 000 francs, si l'on compte que le capital employé à la plantation doit rapporter par an 125 p. 0/0 ?

38. — Au début d'un faire-valoir, je possédais 25 500 fr. Douze ans après, j'ai 32 450 fr. ; combien p. 0/0 mon capital a-t-il rapporté annuellement ? Calculez les intérêts simples.

39. — On me propose un lot de moutons au prix de 30 fr. la paire au comptant, et au prix de 35 fr. la paire avec un an de crédit. Si j'achète à crédit, quel sera le taux de l'intérêt auquel j'aurai consenti par rapport au capital que représente la valeur des moutons payés comptant ?

40. — Tandis que le blé est au cours de 20 fr. l'hectolitre payé comptant, un cultivateur vend le sien 21 fr. avec 3 mois de crédit; quel taux d'intérêt ce cultivateur retire-t-il du capital représenté par le blé vendu ?

41. — A quel prix revient l'usage annuel d'un semoir qui a coûté 600 fr., supposé que l'on s'en serve pendant 15 années, et supposé que les frais d'entretien, l'intérêt et l'usure se montent, pour chaque année, à 15 p. 0/0 du capital dépensé ?

Intérêts composés.

42. — A quelle somme se monte, au bout de 3 ans,

24 000 francs placés au taux de 5 p. 0/0 à intérêts composés?

Solution. Au bout de 1 an. 100 fr. placés à 5 p. 0/0 valent 105 fr.; 1 fr. vaut donc la 100e partie de 105 fr. ou 105/100; d'où il suit que 24 000 fr. valent au bout d'un an les 105/100 de 24 000 fr.

$$\frac{24\,000^{f} \times 105}{100}$$

Au bout de la seconde année, ce capital vaut les 105/100 de

$$\frac{24\,000\ \text{fr.} \times 105}{100} \quad \text{ou} \quad \frac{24\,000\ \text{fr.} \times 105 \times 105}{100 \times 100}$$

Au bout de la troisième année, il vaut les 105/100 de

$$\frac{24\,000\ \text{fr.} \times 105 \times 105}{100 \times 100} \quad \text{ou} \quad \frac{24\,000\ \text{fr.} \times 105 \times 105 \times 105}{100 \times 100 \times 100}$$

Si nous simplifions les dividendes 105 et les diviseurs 100 en les divisant tous par 5, nous avons

$$\frac{24\,000\ \text{fr.} \times 21 \times 21 \times 21}{20 \times 20 \times 20} = 27\,783\ \text{fr., somme cherchée.}$$

43. — Au bout de 5 ans et 3 mois, à quelle somme se montent 3 500 fr. placés à intérêts composés au taux de 4 1/2 p. 0/0?

44. — Une dette de 5 150 fr. résulte d'un prêt fait, depuis 3 ans, à intérêts composés au taux de 5 p. 0/0; quelle était la dette primitive?

Solution. Cherchez ce que, par intérêt composé au taux de 5 p. 0/0, 1 fr. devient au bout de 3 ans et dites : Autant le franc ainsi augmenté se trouve de fois dans 5 150 fr., autant la dette primitive contenait de francs?

45. — La première année de son bail, un fermier dépense 2 000 fr. en améliorations, qui lui rapportent ensuite annuellement 400 fr. pendant 11 ans. Combien, au bout des 11 années, a-t-il de plus ou de moins que s'il avait, pendant 12 ans, placé ses 2 000 fr. à 5 p. 0/0. Calculez les intérêts composés pour l'un et l'autre cas.

46. — Je dépense sur une ferme 5 000 fr. en améliorations dont l'effet se fera sentir pendant 10 années. Le fermier consent à payer 5 p. 0/0 de cette dépense. Mais je veux lui demander en outre un supplément de rente qui, placé à intérêts composés au taux de 3 p. 0/0, reforme en 10 ans la somme de 5 000 fr. Quel doit être ce supplément?

Solution. Cherchez ce que devient par les intérêts composés 1 fr. placé à 3 p. 0/0 pendant 10 ans, 9 ans, 8 ans, 7 ans. 6 ans, 5 ans, 4 ans, 3 ans, 2 ans, 1 an. Faites le total de toutes ces sommes et dites : Autant ce total se trouve de fois dans les 5 000 fr. qu'il s'agit de reformer, autant il faut demander de francs comme supplément de rente annuelle.

Escompte.

Dans le commerce, au lieu de payer comptant, on s'engage généralement par un billet, à payer dans un délai déterminé. Le plus souvent, le billet passe ensuite de main en main, comme une véritable monnaie, jusqu'à l'époque de l'échéance. Il arrive parfois que le détenteur d'un billet semblable veut, avant l'échéance, réaliser la somme d'argent que représente le billet. Il s'adresse alors à un banquier qui le *négocie*, c'est-à-dire qui rembourse le billet en retenant l'intérêt du capital représenté par ce billet, intérêt calculé depuis l'instant de la *négociation* jusqu'à celui de l'échéance. Cet intérêt, que l'on prélève ordinairement au taux de 6 p. 0/0 sur la valeur totale du billet, se nomme *escompte*. On donne aussi le nom d'*escompte* au rabais consenti sur le prix d'une marchandise payée comptant.

47. — Quelle somme dois-je toucher pour un billet de 5 160 fr. payable au 1ᵉʳ octobre prochain, négocié, le 15 mai, moyennant 6 p. 0/0 d'escompte?

48. — Sur un billet de 3 450 fr. négocié au 15 juin, payable au 15 décembre suivant, on a retenu 138 fr. d'escompte ; à quel taux l'escompte a-t-il été calculé?

Rentes sur l'État.

A diverses reprises, l'État a emprunté des capitaux appartenant aux particuliers.

Lors d'une opération semblable, l'État fixe le taux auquel il emprunte, 5 p. 0/0, par exemple. Mais au lieu de demander pour cet intérêt de 5 fr. un capital de 100 fr., il demande le plus ordinairement un capital moindre, 65 fr. par exemple. S'il rembourse un jour, il donnera 100 fr. par chaque portion de dette ainsi constituée, et c'est ce qui explique la désignation, inexacte d'ailleurs, d'emprunt à 5 p. 0/0.

D'un autre côté, ces créances qui rapportent 5 francs, sont souvent vendues par ceux qui les possèdent, comme le serait un fonds de terre ; et cette vente, qui a lieu à la bourse, se fait soit au-dessus, soit au-dessous du cours d'émission ici supposé à 65 fr. Le plus ou moins de confiance qu'inspirent les affaires publiques, influe sur ces variations, qu'on nomme *hausse* et *baisse* des fonds publics et auxquelles sont soumises d'autres valeurs analogues, telles que actions et obligations de chemins de fer, de canaux, etc.

49. — D'après les données précédentes, quel revenu tirerai-je annuellement d'une somme de 15 450 fr. placée en fonds publics 3 p. 0/0 que j'achète au cours de 67 fr.?

50. — A quel taux réel p. 0/0 se trouvent placés

7 225 fr. de capital employé à un achat de fonds publics 3 p. 0/0, au cours de 70 fr.?

51. — J'ai acheté pour 726 fr. de rente en fonds publics, 3 p. 0/0 au cours de 69 fr., je vends au cours de 64 fr.; de combien mon capital est-il diminué?

Solution. — Ma perte est égale à la différence de 64 à 69 fr. répétée autant que l'unité de rente 3 fr. se trouve de fois dans le chiffre total de la rente 726 fr.

52. — J'ai 229 fr., 50 de rente sur les fonds publics 4 1/2 p. 0/0; si l'État me rembourse, quel capital recevrai-je?

Assurances.

L'assurance est une convention par suite de laquelle, moyennant le versement annuel d'une somme convenue, on doit se trouver indemnisé de tel ou tel genre de perte, incendie, grêle, etc. Le plus souvent, on paye à une société, sous le titre *prime d'assurance*, tant pour mille de la valeur des objets assurés.

53. — Des bâtiments ruraux d'une valeur de 45 000 fr. sont assurés au taux de 1 fr., 25 p. 1 000 : à combien se monte la prime annuelle?

54. — Je paie 25 fr., 50 de prime d'assurance pour des bâtiments qui valent 22 000 fr.: quel est le taux de l'assurance?

55. — Au taux de 6 p. 1 000, je paie 95 fr. de prime d'assurance contre la grêle : combien, en cas de sinistre complet, dois-je recevoir pour les 4/5 de la perte?

56. — Je paie annuellement 16 fr., 20 de prime d'assurance au taux de 1 fr., 60 p. 1 000. Combien, pour une indemnité totale, dois-je recevoir en cas de sinistre?

CHAPITRE X.

Fractions ordinaires; réductions, addition, soustraction.

74. — Tandis que, dans les fractions dites *décimales*, l'unité est divisée en 10 parties, chacune de ces 10 parties en 10 autres parties et toujours ainsi, la *fraction ordinaire* présente des divisions quelconques de l'unité.

75. — Ainsi qu'il a été dit (§ 2), on exprime une *fraction* ordinaire par deux nombres, dont l'un, appelé *dénominateur*, indique en combien de parties l'unité a été divisée, et dont l'autre, appelé *numérateur*, indique combien il se

trouve de portions d'unité dans la fraction dont on détermine la valeur.

On prononce d'abord le numérateur ; puis le dénominateur, auquel on ajoute la terminaison *ième*.

Pour exprimer les fractions par écrit, on écrit d'abord le numérateur ; puis, on place le dénominateur en dessous, et on sépare ces deux chiffres par un trait horizontal ou oblique.

$$\text{Exemple : } \quad \text{trois}\ldots\ldots\ldots \quad \frac{3}{5} \quad \begin{array}{l} \textit{numérateur.} \\ \textit{dénominateur.} \end{array}$$

76. — Toute fraction peut être considérée comme le quotient d'une division. Le numérateur de la fraction est le dividende de cette division et le dénominateur en est le diviseur.

Ex. La fraction 3/4 est le quotient de la division de 3 par 4. En effet, si l'on divise 1 par 4, on trouve pour quotient 1/4 ; mais ici, comme au lieu de 1 c'est 3 qu'il s'agit de diviser, le quotient doit être 3 fois 1/4, c'est-à-dire 3/4.

Au moyen des fractions ordinaires, on peut donc toujours exprimer le quotient exact d'une division ; si la division présente un reste, il suffit de joindre au quotient obtenu une fraction que l'on forme en prenant le diviseur pour dénominateur et le reste de la division pour numérateur.

$$\text{Exemple :} \qquad 41\ \big|\ \underline{8}$$
$$\textit{Reste} \quad 1\ \big|\ 5 \qquad \textit{Quotient exact : } 5.\ 1/8.$$

L'origine des fractions vient donc de la division. Toutes les fois que le dividende ne contient pas le diviseur un nombre exact de fois, il y a un reste qui devient le numérateur d'une fraction, dont le dénominateur est le diviseur.

77. — Les propriétés fondamentales des fractions sont les suivantes :

1° *La valeur d'une fraction ne change pas, lorsqu'on multiplie par le même nombre le numérateur et le dénominateur.*

Ex. Multipliez par 4 le numérateur 2 et le dénominateur 12 de la fraction 2/12, ce qui donne 8/48 ; vous divisez ainsi l'unité en un nombre de parties 4 fois plus grand, ce qui rend chacune de ces parties 4 fois plus petites ;

mais de ces parties 4 fois plus petites vous prenez un nombre 4 fois plus grand ; donc il y a compensation, et 8/48 est égal à 2/12.

2° *La valeur d'une fraction ne change pas, lorsqu'on divise par le même nombre le numérateur et le dénominateur.*

Ex. Supposé que l'on divise par 3 le numérateur 6 et le dénominateur 9 de la fraction 6/9, ce qui donne 2/3 ; par cette opération, l'unité se trouve divisée en un nombre de parties 3 fois moindre, de sorte que chacune de ces parties est 3 fois plus grande ; mais de ces parties 3 fois plus grandes vous prenez un nombre 3 fois moindre. Il y a donc compensation, et par conséquent 2/3 est égal à 6/9.

3° *De ce qui précède, il est aisé de voir qu'on rend une fraction 2, 3, 4 fois plus grande, lorsqu'on multiplie son numérateur ou qu'on divise son dénominateur par 2, 3, 4...; et qu'on rend une fraction 2, 3, 4 fois plus petite lorsqu'on divise son numérateur ou qu'on multiplie son dénominateur par 2, 3, 4...*

4° *La valeur d'une fraction change (c'est-à-dire augmente ou diminue), lorsqu'on augmente ou qu'on diminue d'un même nombre le numérateur et le dénominateur de la fraction.*

Ex. Si vous ajoutez 3 aux deux termes de 3/4, vous avez 6/7, fraction plus grande que 3/4. En effet, il manque 1/4 à 3/4 pour équivaloir à l'unité ; à 6/7 il manque 1/7 ; 1/7 est évidemment plus petit que 1/4 ; donc 6/7 se rapproche plus de l'unité que 3/4, et dès lors il est plus grand.

Questionnaire. — 74. Qu'est-ce qu'une fraction ordinaire ? — 75. Comment exprime-t-on et écrit-on une fraction ordinaire ? — Qu'est-ce que le numérateur ? le dénominateur ? — 76. Comment doit-on considérer les fractions ordinaires ? — 77. Quelles sont les propriétés fondamentales des fractions ordinaires ?

Réductions de fractions.

78. — Les *réductions de fractions* sont des changements qu'on fait subir aux fractions dans la forme sans en altérer la valeur.

79. — On distingue quatre principales réductions de fractions.

La première consiste à changer en nombres fractionnaires des nombres entiers ou des entiers accompagnés de fractions.

La seconde, à extraire les unités qui se trouvent dans les nombres fractionnaires.

La troisième, à réduire les fractions à leur plus simple expression.

La quatrième, à donner à deux ou plusieurs fractions le même dénominateur.

80. — *Pour réduire ou convertir un nombre entier en un nombre fractionnaire dont le dénominateur est désigné, on multiplie le nombre entier par le dénominateur désigné. Le produit est le numérateur du nombre fractionnaire.*

Ex. Pour transformer en sixièmes le nombre entier 9, je multiplie 9 par 6, ce qui donne 54. Le nombre fractionnaire équivalent est donc ici 54/6.

Autre ex. Soit donné 7. 1/8 à réduire en nombre fractionnaire composé de huitièmes.

$$7 \times 8 = 56. \text{ On a donc } 56/8 + 1/8 = 57/8.$$

Exercices. — Le maître dictera à l'élève des nombres entiers, et il fera réduire chacun de ces nombres en fractions.

Le maître dictera à l'élève des nombres entiers accompagnés de fractions, 4. 1/2, 5. 2/3, etc., et il les fera réduire en une seule expression fractionnaire, 9/2, 17/3, etc.

Questionnaire. — **78.** Qu'entend-on par réductions de fractions ? — **79.** Quelles sont les principales réductions de fractions ? — **80.** Comment réduit-on un nombre entier en un nombre fractionnaire dont le dénominateur est désigné ?

81. — *Pour extraire les entiers d'un nombre fractionnaire, on divise le numérateur de ce nombre par le dénominateur. Le quotient donne les entiers. Si la division présente un reste, ce reste devient le numérateur d'une fraction qui a pour dénominateur le dénominateur du nombre fractionnaire.*

Ex. Soit à extraire les entiers de 11/4, je divise le numérateur 11 par le dénominateur 4 ; ce qui donne 2 unités, plus un reste, 3/4.

Exercices. — Le maître dictera à l'élève des nombres fractionnaires tels que 3/2, 15/4, etc. L'élève extraira les entiers et indiquera le reste, s'il y a lieu.

82. — *Pour réduire une fraction à sa plus simple expression, on divise le numérateur et le dénominateur par le même nombre ; puis, on répète cette opération sur les* *deux termes de la fraction résultante, et toujours ainsi, jusqu'à ce qu'on ne trouve plus de nombre pouvant diviser ces deux termes.*

Ex. Soit à réduire 240/360 à sa plus simple expression. Je divise par 2 les termes 240 et 360, ce qui donne 120/180; puis, je divise encore par 2 les nombres 120 et 180 (termes de la seconde fraction), ce qui donne 60/90; puis encore par 2 les nombres 60 et 90 (termes de la troisième fraction), ce qui donne 30/45; puis, par 3 les deux nouveaux termes 30 et 45, ce qui donne 10/15; enfin, ces deux termes 10 et 15 par 5, ce qui donne 2/3.

83. — Un nombre peut être divisé par 2 lorsqu'il est *pair*, c'est-à-dire lorsqu'il se termine par les chiffres 2, 4, 6, 8, 0. Tels sont : 22, 434, 806, 2 008, 41 360.

Sont *impairs*, c'est-à-dire ne sont jamais divisibles par 2, les nombres terminés par 1, 3, 5, 7, 9.

Un nombre est divisible par 3 ou par 9, lorsque les divers chiffres dont il se compose, additionnés ensemble comme unités simples, donnent un nombre total divisible par 3 ou par 9.

Ex. 2 109; les chiffres de ce nombre, $2 + 1 + 9$ additionnés ensemble égalent 12, nombre dans lequel 3 se trouve exactement 4 fois; 2 109 est donc divisible par 3. Autre exemple : 9 108 est divisible par 9, parce qu'on a $9 + 1 + 0 + 8 = 18$, nombre qui contient 2 fois 9.

Un nombre est divisible par 5, lorsqu'il se termine par 5 ou par 0. Ex. 15, 410, 5 005.

Un nombre est divisible par 4, lorsque ses deux derniers chiffres à droite forment un nombre qui contient 4 exactement. Ex. 9012 est divisible par 4, parce que 12 contient 3 fois 4. — Un nombre est divisible par 6, lorsqu'il est *pair*, et qu'il est divisible par 3. — Un nombre est divisible par 10, lorsqu'il est terminé par un 0; par 100, lorsqu'il est terminé par deux 0, etc.

84. — On dit qu'une fraction est irréductible lorsqu'elle ne peut être exprimée par des termes plus simples; telle est la fraction 13/15.

Exercices. — Le maître dictera à l'élève un certain nombre de fractions réductibles et il les fera réduire à leur plus simple expression.

Questionnaire. — 81. Comment, d'un nombre fractionnaire, extrait-on les nombres entiers ? — 82. Comment réduit-on une fraction à sa plus simple expression ? — 83. Quand un nombre peut-il être exactement divisé par 2, par 3, par 9, par 5, par 4, par 6, par 10 ? — 84. Qu'est-ce qu'une fraction irréductible ?

85. — *Pour réduire deux fractions au même dénominateur, on multiplie les deux termes de chacune par le dénominateur de l'autre.*

Ex. Soient données les fractions 3/4 et 4/5 à réduire au même dénominateur ; je multiplie 3 et 4 (termes de la fraction 3/4) par 5 (dénominateur de la fraction 4/5), ce qui donne 15/20. Je multiplie ensuite 4 et 5 (termes de la fraction 4/5) par 4 (dénominateur de la fraction 3/4), ce qui donne 16/20.

Les deux termes de chaque fraction ayant été multipliés par le même nombre, il n'y a eu changement de valeur pour aucune des deux fractions (§ 77). D'un autre côté, le dénominateur est le même pour les deux fractions, puisque, pour l'un et pour l'autre, il résulte de la multiplication des mêmes nombres entre eux ; $4 \times 5 = 5 \times 4$. (§ 55.)

86. — *Pour réduire plusieurs fractions au même dénominateur, on multiplie les deux termes de chacune d'elles par le produit des dénominateurs des autres.* — Mais il existe une manière plus simple de faire cette réduction. On cherche un nombre qui contienne exactement un certain nombre de fois tous les dénominateurs, et, pour y parvenir, on multiplie le plus fort desdits dénominateurs ou par 2, ou par 3, ou par 4, etc. Ce nombre multiple de tous les dénominateurs est pris pour dénominateur commun. Pour trouver le nouveau numérateur de chaque fraction, on multiplie l'ancien numérateur par le nombre de fois que l'ancien dénominateur se trouve dans le dénominateur commun.

Ex. Soit à réduire au même dénominateur

	3/6.	1/5.	6/12.	18/20.
Nombre de fois que le dénominateur de chaque fraction se trouve dans 60, nombre pris pour dénominateur commun..........	10	12	5	3
Fractions réduites........	30/60.	24/60.	30/60.	54/60.

Exercices. — Le maître dictera à l'élève plusieurs groupes de trois, de quatre fractions différentes. L'élève réduira au même dénominateur les fractions de chaque groupe.

87. — *Pour réduire une fraction ordinaire en fraction décimale, on divise le numérateur par le dénominateur. Le quotient exprime la fraction décimale équivalente.*

Dans certains cas, la division, si loin qu'on la pousse, présente toujours un reste. La fraction ne peut alors être ramenée à une fraction décimale exactement correspondante.

Ex. Soit 3/4 à réduire en fraction décimale.

3/4 d'unité = 1/4 de 3 unités ou le quotient de la division de 3 par 4.

$$\begin{array}{r|l} 3,0 & \underline{\quad 4 \quad} \\ 0 & 0,75 \\ 20 & \end{array}$$ 0,75 représente donc la fraction 3/4 réduite en fraction décimale.

Exercices. — Le maître dictera à l'élève plusieurs fractions ordinaires et il les fera réduire en fractions décimales.

Il lui adressera des questions analogues à celles-ci : Dans 3/4 de mètre, combien y a-t-il de centimètres? Dans 2/3 de litre, combien de décilitres ? Dans 2/5 d'hectare, combien d'ares et de centiares ?

Questionnaire. — 85. Comment réduit-on deux fractions au même dénominateur ? — 86. Comment réduit-on plusieurs fractions au même dénominateur ? — 87. Comment réduit-on une fraction ordinaire en fraction décimale ?

Addition de fractions.

88. — On fait l'addition des fractions de la manière suivante :

1° *Si les fractions à additionner ont le même dénominateur, on additionne ensemble tous les numérateurs, et on donne à la somme le dénominateur des fractions additionnées.* Ex. 2/5, 3/5, 4/5. Total 9/5.

2° *Si les fractions à additionner n'ont pas le même dénominateur, on commence par les réduire au même dénominateur, puis on opère comme ci-dessus.*

Ex. Soit à additionner 1/2, 3/4, 5/6. Je prends pour dénominateur commun 12 (multiple des trois dénominateurs 2, 4, 6), et faisant la réduction suivant la règle 86, je trouve 6/12, 9/12, 10/12. Total 25/12.

Exercices. — Le maître dictera à l'élève quelques groupes de fractions présentant le même dénominateur. L'élève additionnera chaque groupe. Même exercice sur des fractions ayant des dénominateurs différents.

Soustraction de fractions.

89. — La soustraction des fractions se fait de la manière suivante :

1° *Lorsque les deux fractions ont le même dénominateur, on soustrait le numérateur de la plus petite fraction du numérateur de la plus grande ; le nombre ainsi obtenu devient numérateur d'une fraction à laquelle on donne le dénominateur des deux autres. Cette fraction constitue la différence.*

Ex. Soit 7/20 à soustraire de 16/20 : De 16 ôté 7, reste 9. La différence est 9/20.

2° *Si deux fractions n'ont pas le même dénominateur, on commence par les réduire au même dénominateur ; puis on opère comme ci-dessus.*

Ex. Soit 2/5 à soustraire de 3/4. Je réduis au même dénominateur 2/5 et 3/4, ce qui donne 8/20 et 15/20. Otez 8/20 de 15/20, il reste 7/20.

3° *S'il faut, d'un nombre composé d'une ou plusieurs unités, soustraire une fraction, on commence par réduire en fractions, soit toutes les unités de ce nombre, soit une seule.*

Ex. Soit 3/7 à soustraire de 4 unités. Je réduis 4 en septièmes, ce qui donne 28/7 ; ou bien, conservant 3 unités entières, je forme le nombre 3 unités 7/7 et je fais ensuite la soustraction.

Autre ex. Soit donné 9/11 à soustraire de 2 unités 5/11. Je convertis en onzièmes une des unités, ce qui donne le nombre fractionnaire 1 unité 16/11, dont il est facile d'extraire 9/11. Différence : 1 unité 7/11.

Exercices. — Le maître dictera à l'élève des fractions plus petites à extraire de fractions plus grandes. Dans la première série d'exercices, les fractions auront le même dénominateur. Dans la seconde série, elles auront des dénominateurs différents.

Questionnaire. — 88. Comment fait-on l'addition des fractions ? — 89. Comment fait-on la soustraction des fractions ?

Problèmes sur l'addition et la soustraction des fractions.

TABLEAU 25. — Travaux et salaires agricoles.

	Durée ordinaire du jour de travail.	Salaire élevé.	Salaire ordinaire.	Salaire faible.
	heures.	francs.	francs.	francs.
Saison d'été du 1er avril au 1er octobre.				
Ouvrier non nourri..........	....11....	....5.....	...2.....	...1,50...
Ouvrière non nourrie........	....10....	....2.....	...1,50...	...1......
Saison d'hiver du 1er octobre a 1er avril.				
Ouvrier nourri..............	.....8....	....2.....	...1......	...1......
Ouvrière nourrie............	.....8....	....1,50..	...1......	...0,75...

Les fractions de journées se comptent en général par demies, quarts et huitièmes.

On sait que l'heure se compose de 60 minutes, la minute de 60 secondes.

1. — Dans la saison d'été, Jean a travaillé 1/4, 2/4, 3/4 de jour. Combien d'heures et de minutes a-t-il travaillé ?

2. — Dans la saison d'hiver, Colas a travaillé 1/2, 1/4, 3/8 de jour. Combien d'heures a-t-il travaillé ?

3. — Même question pour Perrette, qui a fourni, dans la saison d'été, 1/2, 3/4, 5/8 de jour.

4. — Dans la saison d'hiver, j'ai employé Marie 1/2, 1/4, 3/4, 1/8 de jour. Combien a-t-elle gagné suivant le taux de salaire ordinaire ?

5. — En été, Jacques a travaillé 3/8, 1/2, 3/4, 1/4 de jour. Combien a-t-il gagné au taux élevé ?

6. — Combien a-t-il gagné au taux élevé en travaillant 12 jours 1/4, 2 jours 1/2, 17 jours 3/8 ?

7. — En un jour de 11 heures, Jean ferait 1/2 d'un certain ouvrage ; sa femme 1/3 ; son fils 1/4. Réunis, combien leur faudra-t-il de temps pour faire l'ouvrage entier ?

Solution : Travaillant tous ensemble un jour, Jean, sa femme et son fils feront 1/2 + 1/3 + 1/4 de l'ouvrage = 6/12 + 4/12 + 3/12. Total 13/12 de l'ouvrage.

Si, en 1 jour, ils font 13/12 de l'ouvrage, pour faire 1/12 de l'ouvrage, il leur faut 13 fois moins de temps, c'est-à-dire 1/13 de jour.

D'après l'énoncé du problème, le jour est de 11 heures = 660 minutes ; 660min./13 = 50min.,76.

Puisque, pour faire 1/12 de l'ouvrage, il leur faut 50min.,76, pour faire les 12/12 de l'ouvrage ou l'ouvrage entier, il leur faut 12 fois plus de temps : 50min.,76 × 12 = 609 minutes ou 10 heures 9 minutes.

8. — Deux troupes d'ouvriers feraient en 1 jour de 11 heures, l'une 1/8, l'autre 1/6 de ma moisson. Réunies, en combien de temps la feront-elles?

9. — Une troupe d'ouvriers travaillant 10 heures par jour ferait un terrassement en 5 jours. Une seconde troupe travaillant 8 heures le ferait en 8 jours. On réunit les deux troupes, qui travaillent 9 heures par jour. Au bout de combien de temps l'ouvrage sera-t-il fait?

Solution : La première troupe d'ouvriers faisant l'ouvrage en 5 jours de 10 heures ou en 50 heures, fait en 1 heure 1/50 de l'ouvrage. La seconde troupe faisant ce même travail en 8 jours de 8 heures ou en 64 heures, fait en 1 heure 1/64 du travail. Réunies, les deux troupes font donc en 1 heure 1/50 + 1/64 = 114/3 200 de l'ouvrage.

Puisque, en 1 heure, elles font 114/3 200 de l'ouvrage, pour faire 1/3 200 de l'ouvrage, elles mettront 1/114 d'heure, et pour faire l'ouvrage entier, elles mettront 3 200/114 d'heure ou 28 heures 8/114 ou 3 jours de 9 heures, 1 heure et 4/57 d'heure (environ 4 minutes); ce qui est le nombre cherché.

10. — Un faucheur abattrait un hectare de pré en 2 jours 1/3 ; un autre faucheur ferait ce même fauchage en 1 jour 3/4. Réunis, en combien de temps couperont-ils le pré?

11. — Deux troupes réunies et de force égale feraient ma moisson en 11 jours. Une de ces troupes me quitte au bout de 4 jours. Combien ma moisson durera-t-elle encore?

12. — Je payais mes charretiers 25 francs par mois pour toute l'année. Remarquant qu'après l'hiver ils sont disposés à me quitter pour gagner davantage, je stipule que, du 1er octobre au 1er mars, ce gage de 25 francs sera diminué de 1/4; que, du 1er mars au 1er octobre, il sera augmenté de 1/3. De quelle fraction le salaire des 7 mois d'été sera-t-il supérieur à celui des 5 mois d'hiver?

13. — Un ouvrier doit travailler pour moi 2 jours 3/4 ; il travaille 1 jour et 1/3. Combien doit-il encore de temps, exprimé en fractions de jour ?

CHAPITRE XI.

Multiplication des fractions.

90. — Trois cas se présentent dans la multiplication des fractions; on peut avoir à multiplier :

1° Une fraction par un nombre entier;

2° Un nombre entier par une fraction;

3° Une fraction par une fraction.

91. — 1er CAS. Multiplier une fraction par un nombre entier, c'est répéter cette fraction autant de fois qu'il se trouve d'unités dans le nombre entier. Ainsi multiplier 3/4 par 5, c'est répéter 5 fois 3/4, ce qui donne

$$\frac{3 \times 5}{4} = 15/4 \text{ ou } 3 \text{ entiers } 3/4.$$

Donc, *pour multiplier une fraction par un nombre entier, on multiplie le numérateur de la fraction par le nombre entier.*

Si le nombre entier qui sert de multiplicateur est contenu un nombre exact de fois dans le dénominateur, il est plus simple de diviser le dénominateur par ce nombre entier. Ainsi, pour multiplier 5/12 par 2, il suffit de diviser 12 par 2, ce qui donne 5/6 pour le produit de 5/12 par 2 (§ 77).

Exercices. — Le maître dictera un certain nombre de fractions. L'élève multipliera chacune de ces fractions par le nombre entier que le maître indiquera.

92. — 2e CAS. Multiplier un nombre entier par une fraction, 5 par 3/4, par exemple, c'est prendre les 3/4 de 5. En effet, puisque le multiplicateur 3/4 contient 3 fois le quart de l'unité, le produit cherché doit contenir 3 fois le quart ou les 3/4 du multiplicande 5. Or, x/4 de 5 est 5/4 et 3/4 de 5 sont 3 fois 5/4 ou 15/4 ; ce qui est le produit cherché.

Ainsi, *pour multiplier un nombre entier par une fraction, on multiplie le nombre entier par le numérateur de la fraction multiplicateur, et l'on donne au nouveau numérateur ainsi obtenu le dénominateur de la fraction multiplicateur.*

L'opération à faire est donc la même dans le 1er et dans le 2e cas. Ainsi, qu'il s'agisse de multiplier un nombre entier par une fraction ou une fraction par un nombre entier, on multiplie le numérateur par le nombre entier et l'on donne pour dénominateur au produit le dénominateur de la fraction.

Exercices. — Le maître dictera un nombre entier et une fraction. L'élève multipliera le nombre entier par la fraction ; il remarquera que le produit reste le même lorsque la fraction est multipliée par le nombre entier. L'exercice sera renouvelé plusieurs fois.

93. — 3e CAS. *Pour multiplier une fraction par une fraction, on multiplie les numérateurs l'un par l'autre, et on multiplie de même les dénominateurs entre eux.*

Ex. Soit 2/3 à multiplier par 3/4.

Puisque le multiplicateur 3/4 renferme 3 fois le quart de l'unité, le produit devra renfermer 3 fois le quart du multiplicande 2/3. En d'autres termes, il s'agit de prendre les 3/4 de 2/3.

Pour avoir 1/4 de 2/3, il suffit de rendre 4 fois plus petites les parties d'unité qui se trouvent dans 2/3 ; ce que je fais en rendant ces parties 4 fois plus nombreuses et dès lors en multipliant le dénominateur 3 par le nombre 4, dénominateur de l'autre fraction. Je trouve 2/12.

Pour avoir 3 fois 2/12, je multiplie 2 (numérateur de la fraction 2/12) par le nombre 3 (numérateur de l'autre fraction) ; ainsi j'obtiens 6/12 pour le produit cherché.

On voit que, suivant la règle, les dénominateurs ont été multipliés entre eux, aussi bien que les numérateurs.

Si l'un des termes de la multiplication ou tous les deux se composent d'unités et de fractions, on réduit les unités en nombre fractionnaire, et l'on opère suivant les règles ci-dessus.

Exercices. — Le maître dictera deux fractions. L'élève les multipliera l'une par l'autre. Cet exercice sera renouvelé plusieurs fois.

94. — *Pour multiplier plusieurs fractions entre elles, on multiplie entre eux tous les numérateurs et de même entre eux tous les dénominateurs des diverses fractions.* Toutefois, afin d'abréger, si, parmi les numérateurs, tel et tel est égal à tel et tel dénominateur, on supprime de cha-

que côté autant de termes égaux, double suppression qui se compense.

Ex. Soit à multiplier entre elles les fractions 2/3, 1/2, 3/4, 4/7, 5/6.

Supprimez à la série des dénominateurs et à celle des numérateurs les nombres égaux 2, 3, 4. Il reste à multiplier dans la série des numérateurs 1 par 5, et dans la série des dénominateurs 7 par 6. Le produit est 5/42.

La multiplication de plusieurs fractions permet de déterminer des *fractions de fractions*. Ainsi, quand je multiplie ensemble 1/2, 2/3, 3/5, 7/8, le produit de la multiplication représente les 7/8 des 3/5 des 2/3 de 1/2 de l'unité.

Exercices. — Le maître posera à l'élève quelques questions du genre de celle-ci. Quels sont les 2/3 des 3/4 des 5/6 de 200 francs ?

Questionnaire. — 90. Combien se présente-t-il de cas dans la multiplication des fractions ? — 91. Comment multiplie-t-on une fraction par un nombre entier ? — 92. Comment multiplie-t-on un nombre entier par une fraction ? — 93. Comment multiplie-t-on une fraction par une fraction ? — 94. Comment multiplie-t-on entre elles plusieurs fractions ?

Problèmes sur la multiplication des fractions.

TABLEAU 26. — Forces exprimées en kilogrammètres.

On appelle *kilogrammètre* la force nécessaire pour élever à un mètre de hauteur un kilogramme ou litre d'eau.

	Nombre possible d'heures de travail en une journée.	Nombre de kilogrammètres obtenus ordinairement en 1 seconde.
Cheval ou mulet de petite taille parcourant en une heure.............. 5 600 mètr.	10	27
Id. de forte taille.....id..... 5 600 mètr.	10	34
Ane de petite taille...id..... 5 000 mètr.	10	11
Ane de forte taille....id..... 5 600 mètr.	10	27
Paire de bœufs de taille moyenne attelés au joug.............id..... 2 700 mètr.		70
Bœuf de taille moyenne attelé seul au collier		38
Machine à vapeur, force dite *cheval-vapeur*		75
Homme :		
1° Pesant par son corps à l'extrémité d'un levier	8	9,75
2° Soulevant de bas en haut avec les bras.	6	3,40
5° Portant sur le dos.	6	2,60
4° Jetant à la pelle.	10	1,08
5° Tirant par une corde passée sur l'épaule.	8	8,40
6° Poussant en marchant.	8	7,20
7° Faisant tourner une manivelle.	8	0

1. — J'ai fait travailler un attelage de forts chevaux 4 fois 3/4 de jours. Quelle est la durée totale de ce travail?

2. — Combien, en 2/3 de jour, un cheval de taille moyenne dépense-t-il de force exprimée en kilogram-mètres?

3. — J'ai deux charrues, l'une offrant en résistance 2/7 de moins que l'autre. Marchant plus vite, les chevaux font avec la charrue la moins résistante 2/7 de travail de plus qu'avec l'autre, qui elle-même laboure 38 ares par jour. Quelle étendue laboure en un jour la charrue la moins résistante?

4. — Quelle économie par hectare procure la charrue la moins résistante, supposé qu'avec la charrue la plus résis-tante le labour coûte 21 francs? (Voir le problème précé-dent.)

5. — Deux bœufs de taille moyenne, marchant au pas ordinaire de 2 700 mètres à l'heure, tirent une charge qui leur fait dépenser 70 kilogrammètres de force. Ils ont à monter une côte qui accroît des 2/3 la résistance. Ils ralen-tissent leur pas de 2/3 et parviennent ainsi à gravir la côte. Dans cette montée, combien parcourent-ils de mètres à l'heure?

6. — Pour épuiser un réservoir dont l'eau doit être éle-vée à 1 mètre, je dispose d'une machine à vapeur de la force de 6 chevaux-vapeur pendant les 2/3 d'une journée de 10 heures. Combien d'eau cette machine épuisera-t-elle?

Solution. Cherchez ce qu'elle épuiserait dans la journée entière et prenez-en les 2/3.

7. — Un ouvrier puisant avec la main (n° 2 du tableau) a travaillé, pendant un jour de 6 heures, à vider une mare dont il fallait élever l'eau à la hauteur de 1 mèt.,10. N'étant pas surveillé, il n'a utilisé que 2/3 de son temps. Combien doit-il avoir épuisé d'eau?

8. — Même question pour un ouvrier qui a exécuté le même travail avec une manivelle (n° 7 du tableau).

CHAPITRE XII.

Division des fractions.

95. — Trois cas se présentent dans la division des fractions ; on peut avoir :

1° Une fraction à diviser par un nombre entier ;

2° Un nombre entier à diviser par une fraction ;

3° Une fraction à diviser par une fraction.

96. — 1er CAS. Diviser une fraction par un nombre entier, 6/12 par 3, par exemple, revient à chercher un nombre qui, multiplié par 3, égale 6/12 ; en d'autres termes, il s'agit de trouver un nombre 3 fois plus petit que 6/12.

Pour diviser une fraction par un nombre entier, on peut recourir à deux moyens, savoir :

1° *Diviser le numérateur de la fraction par le nombre entier ;* ce qui donne ici 2/12, fraction égale à 1/6.

2° *Multiplier le dénominateur de la fraction par le nombre entier ;* ce qui donne pour l'exemple indiqué 6/36, fraction égale encore à 1/6.

Dans le premier cas, on prend trois fois moins de parties d'unité ; dans le second cas, on conserve le même nombre de parties d'unité ; mais on leur donne une valeur 3 fois plus faible.

Exercices. — Le maître dictera une fraction et un nombre entier. L'élève divisera la fraction par le nombre entier. Cet exercice sera renouvelé plusieurs fois. L'élève emploiera chaque fois les deux procédés. L'un sera la preuve de l'autre.

97. — 2e CAS. Diviser un nombre entier par une fraction, 5 par 3/7, par exemple, revient à chercher un nombre qui, multiplié par 3/7, donne 5, c'est-à-dire dont les 3/7 égalent 5. Si les 3/7 du nombre cherché doivent égaler 5, il s'ensuit que 1/7 de ce même nombre égale trois fois moins, c'est-à-dire 1/3 de 5 ou 5/3. Quant aux 7/7 de ce nombre, c'est-à-dire quant au nombre tout entier, il égale 7 fois 5/3, c'est-à-dire 35/3, ce qui est le nombre cherché.

Ce nombre 35/3 s'obtient en renversant les termes de la fraction diviseur 3/7, ce qui donne 7/3, et en multipliant 7/3 par le dividende 5.

Ainsi, *pour diviser un nombre entier par une fraction, on*

renverse les termes de la fraction diviseur et on multiplie le numérateur de cette nouvelle fraction par le dividende, nombre entier.

Exercices. — Le maître dictera un nombre entier et une fraction. L'élève divisera le nombre entier par la fraction. Cet exercice sera renouvelé plusieurs fois. L'élève fera la preuve au moyen de la multiplication.

98. — 3ᵉ CAS. *Pour diviser une fraction par une fraction, on renverse les termes de la fraction diviseur, et on multiplie la fraction dividende par la fraction diviseur ainsi renversée.*

Ex. Soit 2/3 à diviser par 4/9.

Il s'agit ici de chercher un nombre qui, multiplié par 4/9 donne 2/3, c'est-à-dire dont les 4/9 égalent 2/3.

Puisque les 4/9 de ce nombre doivent égaler 2/3, 1/9 de ce nombre égale 4 fois moins, c'est-à-dire 2/3 divisé par 4.

Ainsi qu'il a été établi au § 96, pour diviser 2/3 par 4, on multiplie par 4 le dénominateur de 2/3

$$\frac{2}{3} \times 4 = \frac{2}{12}$$

Puisque 1/9 du nombre cherché égale 2/12, les 9/9, c'est-à-dire le total du nombre cherché égale 9 fois 2/12.

$$\frac{2}{12} \times 9 = \frac{18}{12}$$

Dans cette série d'opérations, il est aisé de remarquer que la règle ci-dessus a été suivie ; le dividende 2/3 a été multiplié par 9/4, fraction résultant du renversement des termes du diviseur 4/9.

Lorsque, soit le diviseur, soit le dividende, soit tous deux se composent d'entiers et de fractions, on réduit d'abord les entiers en fractions ; puis on opère suivant les règles ci-dessus.

Exercices. — Le maître dictera deux fractions. L'élève divisera l'une par l'autre et fera la preuve par la multiplication. Cet exercice sera plusieurs fois renouvelé.

Questionnaire. — 95. Combien peut-il se présenter de cas dans la division des fractions ? — 96. Comment divise-t-on une fraction par un nombre entier ? — 97. Comment divise-t-on un nombre entier par une fraction ? — 98. Comment divise-t-on une fraction par une fraction ?

Problèmes sur la division des fractions.

TABLEAU 27. — Drainage.

TUYAUX DE DRAINAGE DE 0mèt.,33 de long.		
DIAMÈTRE DU CREUX INTÉRIEUR.	POIDS.	PRIX ORDINAIRE.
mètres.	grammes.	francs.
N° 1.. ....0, 025...........	.... 500	0,012
» 2.. ....0,033...........	........1 030........	0,018
» 3.. ....0,03...........	........1 300........	0,025
» 4.. ....0.07...........	........1 800........	0,032

ESPACEMENT DES DRAINS.		
faible.	ordinaire.	fort.
5 mètres.	10 mètres.	20 mètres.

PROFONDEUR DES DRAINS.		
faible.	ordinaire.	forte.
0mèt.,90	1mèt.,20	1mèt.,60

Un ouvrier habile creuse par jour de 10 heures, à 1mèt., 20 de profondeur, les longueurs suivantes de tranchée de drainage :

    1° En terre de consistance ordinaire. . . 12 mètres.
    2° En argile très-tenace. . . . . 8 —
    3° En argile mêlée de pierres. . . . . 6 —
    4° En tuf pierreux. . . . . 4 —

PRIX COUTANT D'UN MÈTRE COURANT DE DRAINAGE FAIT A 1mèt.,20 DE PROFONDEUR.	prix le moins élevé.	prix le plus fort.
	francs.	francs.
Étude...	...0,0193...	...0,03
Direction..	...0,0161...	...0,0567
Tuyaux, prix d'achat...................................	...0,06.....	...0,1048
» transport	...0,0054...	...0,01
Fouille des tranchées...................................	...0,05.....	...0,4448
Pose des tuyaux et premier remplissage..........	...0,05.....	...0,0824
Dernier remplissage...................................	...0,01	...0,05
Usure des outils..	...0,003....	...0,0298
Total....................	...0,1958...	...0,8085

1. — On veut vendre 11 francs le 1 000 de tuyaux n° 1

et on dit que ce prix n'est que les 3/4 du prix de vente habituel; quel est le prix de vente habituel?

Solution. Ce prix fait une somme dont les 3/4 égalent 11 francs. Pour la trouver, divisez 11 par 3/4.

2. — J'ai payé :

1° 3 000 tuyaux 43 fr.,20; ce qui fait les 4/5 du prix ord.
2° 1 000   —   16 fr.,66;   —   2/3   —
3° 500   —   13 fr.,33;   —   5/6   —

Quelle économie ai-je faite sur le prix de chaque genre de tuyaux ?

3. — Mon charretier a rapporté de la tuilerie 1 200 tuyaux du n° 2 ; cette quantité n'est que les 2/3 de ce que j'ai acheté. S'il avait pris tout, quelle aurait été en kilogrammes la charge de sa voiture ?

4. — Un ouvrier draineur creuse ses tranchées à 0$^{\text{mèt.}}$,80 de profondeur ; ce qui fait les 2/3 de la profondeur stipulée. A quelle profondeur devrait-il creuser?

5. — Un ouvrier creuse en 3/4 de jour 9 mètres de tranchée. En un jour, combien de mètres creusera-t-il?

Solution. Il creusera en un jour une étendue dont les 3/4 égalent 9 mètres. Pour trouver cette étendue, divisez 9 mètres par 3/4.

6. — Un ouvrier qui travaille 12 heures par jour, creuse en 2/12 de jour 3/4 de mètre de tranchée. Combien creuse-t-il de mètres dans l'espace d'un jour?

Solution. Il creuse en un jour une étendue dont les 2/12 sont 3/4 de mètre. Divisez 3/4 de mètre par 2/12.

7. — Pierre a, en 2/3 de jour, creusé 3 mètres 3/5 de tranchée; combien de mètres doit-il creuser dans l'espace d'un jour?

8. — Un drainage fait sur 2/3 d'hectare coûte 175 francs; à combien ce drainage revient-il par hectare?

9. — Quel est le prix total d'une opération de drainage faite par association entre divers cultivateurs, dont l'un a payé la somme de 725 francs pour sa part, qui était des 2/5.

10. — Pour une longueur de 10 mètres 2/3 de tranchée, je remarque qu'il faut 32 tuyaux 3/4. Combien faudra-t-il

de tuyaux de même dimension par hectare drainé à l'espacement ordinaire?

11. — Sur 5 mètres 1/2 de tranchée, on a employé 15
tuyaux 2/3 ; combien, par hectare drainé à l'**espacement
fort**, faut-il de tuyaux de mêmes dimensions ?

12. — Je montre à un tuilier un tuyau de 5 centimètres
de diamètre intérieur. Il me dit que le calibre de ce tuyau
est des 3/4 du calibre de ceux que je trouverai à sa tuilerie ; quel est ce calibre?

TABLEAU 28. — Irrigations.

On distingue deux genres d'irrigations. Les unes fécondent la terre par le
dépôt des substances fertilisantes que l'eau peut contenir ; les autres, qui se font
toujours en été, ont surtout pour objet d'entretenir la fraîcheur du sol.

La quantité d'eau à donner par hectare ne se calcule généralement que pour
les irrigations d'été. Voici, à cet égard, quelques données prises en Italie et dans
le Midi de la France.

	Nombre ordinaire d'arrosages pendant six mois d'été.	Quantité d'eau que l'on applique ordinairement à l'hectare par chaque arrosage.
Prairie naturelle............	12	800 mètr. cub.
Luzernière.................	5	600 »
Terre en froment..., ...	3	400 »
Terre plantée en mûriers	2	400 »
Champ de garance	1	700 »

L'eau se paie tant par quantité prise à un canal. En Italie, le débit de 1 litre
par seconde se vend ordinairement 15 francs pour toute une année ; il suffit
généralement à l'irrigation d'un hectare de prairie.

13. — Je paie 35 francs un débit de 2 litres 2/3 par seconde. Quel est le prix du débit d'un litre par seconde ?

14. — Les 2/3 d'une certaine quantité d'eau que reçoit
mon voisin, suffisent aux 12 arrosages d'été d'un hec'are
de pré naturel. Mon voisin me propose de me céder toute
cette eau ; quelle en est la quantité ?

15. — Avec les 2/5 d'une certaine masse d'eau, je donne
3 arrosages à 1 hect.,25 de froment, 5 arrosages à 2 hect.,72
de luzernière. Quelle étendue de prairie pourrais-je arroser
12 fois par an avec la masse entière de cette eau ?

16. Combien puis-je arroser d'hectares de mûriers avec

une quantité d'eau dont les 3/4 suffisent à 3 hectares, 75 de garance?

Problèmes divers sur les fractions.

1. — Une personne charitable donne à une pauvre famille 1/5 de l'argent qu'elle a dans sa bourse, elle en dépose 1/6 dans le tronc d'un hôpital, elle en distribue 1/4 à des prisonniers, 1/12 à des infirmes, et il lui reste 8 fr. : combien avait-elle ?

2. — On peut faire les 5/6 d'un ouvrage en 18 jours : en combien de temps l'ouvrage sera-t-il terminé ?

3. — Quelle est la valeur d'un champ dont les 3/4 ont été vendus 3 618 francs, 24 c. ?

4. — 4 mètres 2/3 de drap ont coûté 69 fr.,75 : quel est le prix du mètre ?

5. — En 6 heures 3/4 on fait les 2/3 d'un ouvrage : quelle portion de l'ouvrage fait-on dans une heure, et au bout de combien de temps l'ouvrage sera-t-il fini ?

6. — Une troupe d'ouvriers ferait un ouvrage en 12 jours ; une autre troupe le ferait en 7 jours : combien pour faire l'ouvrage faudra-t-il de temps à 1/5 de la 1re troupe joint à 1/4 de la 2me ?

7. — Une personne a pour sa part les 2/3 d'un héritage qui s'élève à 15 000 fr.; elle partage cette portion entre ses 5 enfants : quelle sera la part de chacun ?

8. — Un hectolitre de froment, d'une valeur de 18 fr.,50 et pesant 80 kilogrammes après la récolte, se trouve avoir perdu les 5/32 de son poids un mois après : quelle est la diminution de poids et de valeur sur une récolte de 4 560 hectolitres ?

9. — Une armée se trouve réduite à 2 000 hommes ; 1/2 des hommes ont été tués, 1/3 faits prisonniers, 1/50 laissés à l'hôpital, 1/10 morts de maladie : de combien d'hommes se composait cette armée ?

10. — La chaleur dilate tous les corps : une barre de fer, en passant de 0° à 100°, s'allonge de 1/819 de sa longueur : quelle sera à 100° la longueur d'une barre de fer qui a 5 mèt., 25 de long à 0° ?

11. — Un père de famille possédant un bien fonds de 60 000 fr. a dépensé 1/5 de sa fortune pour l'éducation de ses enfants ; il en a donné 1/6 à l'aîné par contrat de mariage : combien lui reste-t-il ?

12. — Un équipage n'a plus que pour quinze jours de vivres ; mais les circonstances doivent lui faire tenir la mer pendant 20 jours. On demande à combien on doit réduire la ration de chaque jour ?

13. — Un marchand a acheté un certain nombre de mètres de drap qui reviennent à 20 fr. le mètre. Il en a vendu 1/2 à 22 fr., 1/6 à 21 fr., 1/4 à 25 fr., et le reste à 20 fr.; il se trouve qu'il a gagné 66 fr. sur son marché : combien ce marchand avait-il acheté de mètres ?

14. — Sur une pièce de drap qui contenait 25 mèt.,5/6, on a vendu successivement : 1° 1 mèt.,1/2, 2° 1 mèt.,4/5, 3° 7 mèt. : combien en reste-t-il, et combien a été vendu chaque mètre, si, au prix qu'on a vendu les 3 premiers coupons, le reste valait 291 fr. ?

15. — Une garnison dont chaque homme reçoit par jour une ration, a des vivres pour 80 jours; mais, d'après de nouvelles dispositions, on augmente cette garnison de 1/3, et les vivres doivent durer 70 jours : à quelle fraction de ration entière devra-t-on réduire chaque ration ?

16. — Une personne charitable a acheté une pièce de mousseline de 27 mètres pour habiller 4 jeunes filles pauvres ; elle a donné 1/5 de la pièce pour la plus petite, 1/4 pour une autre un peu plus grande, 1/2 de la pièce pour habiller 2 sœurs de la même taille, et elle a gardé le reste pour elle : quelle a été la part de chaque jeune fille, et combien est-il resté de mètres?

17. — La pièce a été payée 91 fr.,80 : combien a-t-elle coûté le mètre, et quelle est la valeur donnée à chaque jeune fille ?

18. — Un ouvrier, qui avait la triste habitude de travailler le dimanche, augmentait son gain annuel des 30/365 de ses revenus, évalués à 1 095 fr. Après 5 ans d'un travail continu, cet ouvrier fait une longue maladie et dépense 1 200 francs pour se faire soigner : quelle est la perte *matérielle* qui résulte de cette infraction à la loi divine ?

19. — Une femme a filé 18 kilog. de chanvre pendant les soirées d'hiver, et son fil a rendu 3 mèt.,1/3 de toile par kilog. de chanvre filé ; combien a-t-elle eu de mètres ?

20. — Elle a fait 5 draps avec 1/2 de sa toile, 5 chemises avec 1/4, et 7 nap-

pes avec le reste : combien de mètres de toile ont été employés par nappe, par chemise et par drap ?

21. — Elle a payé son chanvre 2 fr. le kilog., et la façon de sa toile 0 fr. 40 le mètre : à combien lui revient le mètre de toile, non compris son travail ?

22. — Pour 27 journées 1/2, un ouvrier a reçu 110 fr. : quel est le prix de la journée ?

23. — Quel est le revenu d'un ouvrier qui dépense 1/2 de son salaire pour la nourriture, 1/9 pour le logement, 1/18 pour son entretien, et 1/12 en achats divers, s'il économise d'ailleurs 450 fr. ?

24. — Un marchand a acheté 75 mètres,40 de velours, à raison de 19 fr.,75 le mètre. Les 4/5 du prix d'achat ont été payés avec du drap à 12 fr. le mètre, et le reste en argent comptant. On demande : 1º le nombre de mètres de drap livrés par l'acheteur ; 2º le montant de la somme en numéraire.

25. — 15 familles, victimes d'un incendie, recevront ensemble les 5/8 d'un secours extraordinaire de 4 800 fr. accordé par le département : quelle sera la part de chacune de ces familles ?

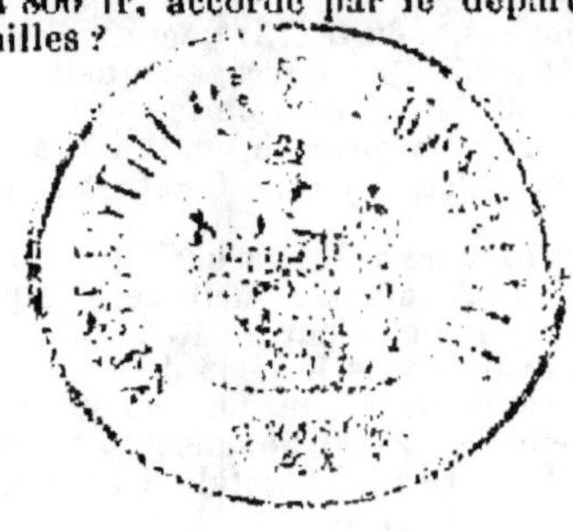

FIN

RÉPERTOIRE AGRICOLE.

TABLEAUX

TABLE DES MATIÈRES.

CHAPITRES.

Saint-Cloud. — Imprimerie de Mme Ve Belin.

ENSEIGNEMENT CLASSIQUE AGRICOLE

COURS COMPLET D'ÉTUDES PRIMAIRES

A L'USAGE

des Écoles normales et des Écoles primaires

SOUS LA DIRECTION

DE M. LOUIS GOSSIN

AVEC LA COLLABORATION

De Professeurs de Facultés ou de Lycées et d'Inspecteurs
de l'Instruction primaire

APPROUVÉ PAR LA COMMISSION DES BIBLIOTHÈQUES SCOLAIRES
ET RECOMMANDÉ PAR LA COMMISSION SUPÉRIEURE POUR LE DÉVELOPPEMENT DE L'ENSEIGNEMENT AGRICOLE.
Sous la présidence de S. Exc. M. DURUY, ministre de l'Instruction publique.

Abrégé de l'Arithmétique agricole, par M. Gossin. 1 volume in-18. 60 c.
Avec les solutions (Partie du maître). 75 c.
Arithmétique élémentaire agricole, par M. Louis Gossin. 1 beau volume in-12,
de 230 pages, illustré et solidement cartonné. 1 fr. 25 c.
Avec les solutions (partie du maître). 1 fr. 60 c.
Grammaire française avec Exemples et Exercices se rapportant à l'Agricul-
ture, par MM. Louis Gossin et Lancelin, inspecteur de l'Enseignement
primaire. 1 volume in-12, imprimé avec soin, cart. 1 fr.
Abrégé de la grammaire française de MM. Louis Gossin et Lancelin, avec
exemples et exercices se rapportant à la vie rurale. 1 volume in-12.
60 c.
Cours gradué de Dictées françaises, faisant suite aux Exercices de la grammaire française et pouvant servir de complément à toutes les Grammaires,
par M. Louis Gossin. 1 volume in-12, cart. 70 c.
Syllabaire, par M. Louis Gossin. 1 volume in-12, cart. 40 c.
Méthode rationnelle de lecture, d'après les principes de la *Méthode Sénécha*,
à caractères mobiles. 9 tableaux, 1 fr. 60 c. Sur carton. 2 fr. 80 c.
Les tableaux sur carton ne peuvent être expédiés que par chemin de fer
et aux frais du destinataire.
Premier livre de lecture courante, à l'usage des plus jeunes élèves des écoles
primaires rurales, par M. Louis Gossin. 1 vol. in-12, cart. 60 c.
Lectures choisies, accompagnées de questionnaires et d'exercices à l'usage
des écoles et des familles, par M. Louis Gossin. 1 très-fort volume in-12,
cart. 1 fr. 60 c.
Manuel élémentaire et classique d'Agriculture, d'Horticulture et de Jard'-
nage, par M. Louis Gossin. 1 volume illustré. 1 fr. 25 c.
Histoire de France, contenant l'histoire du travail agricole et industriel, par
M. Émile Chasles, professeur à la Faculté des lettres de Paris. 1 vol. in-12,
cart. 1 fr. 25 c.
Abrégé de l'Histoire de France, contenant l'histoire du travail agricole et industriel, par M. Émile Chasles. 1 volume in-18. 60 c.
Éléments d'Histoire naturelle, Zoologie, Botanique, Minéralogie, Géologie,
à l'usage des Écoles normales et des Écoles primaires, par M. Louis Gossin.
1 fort volume in-12, cart., orné de très-nombreuses gravures dans le texte.
2 fr.
Physique et mécanique agricoles, par M. Louis Gossin. 1 beau volume in-12,
illustré de nombreuses gravures. 1 fr. 50 c.
Éléments de chimie, par M. Masure, professeur au lycée d'Orléans. 1 beau
volume in-12, illustré de nombreuses gravures. 3 fr.
Notions d'Agriculture, par M. Masure. 1 volume in-12. 1 fr.

SAINT-CLOUD — IMPRIMERIE DE Mme Ve BELIN.

www.ingramcontent.com/pod-product-compliance
Lightning Source LLC
LaVergne TN
LVHW021850170726
843503LV00003B/1147